高等学校"十二五"规划教材

市政与环境工程系列研究生教材

强化活性污泥处理废水工艺及其稳定性

韩　伟　李永峰　王占清　著

岳莉然　主审

U0223713

哈尔滨工业大学出版社

内容简介

厌氧发酵生物制氢技术一方面可以减少有机废弃物(废水)对环境的危害,另一方面还可以利用有机废弃物(废水)产生清洁能源(氢气)而更具发展前景。本书研究了"活性污泥 – 生物膜"处理废水复合生物制氢工艺、生物制氢系统的负荷冲击与活性污泥强化恢复作用、生物制氢系统的稳定性等3方面内容。

本书可供环境科学与工程、市政工程的硕士生、博士生及科研人员参考。

图书在版编目(CIP)数据

强化活性污泥处理废水工艺及其稳定性/韩伟,李永峰,
王占清著. —哈尔滨:哈尔滨工业大学出版社,2016.1
ISBN 978 – 7 – 5603 – 5713 – 3

Ⅰ.①强… Ⅱ.①韩… ②李… ③王… Ⅲ.①活性污泥
处理 – 生物膜(污水处理) – 研究 Ⅳ.①X703

中国版本图书馆 CIP 数据核字(2015)第 274576 号

策划编辑 贾学斌
责任编辑 郭 然
出版发行 哈尔滨工业大学出版社
社 址 哈尔滨市南岗区复华四道街 10 号 邮编 150006
传 真 0451 – 86414749
网 址 http://hitpress.hit.edu.cn
印 刷 黑龙江省地质测绘印制中心印刷厂
开 本 787mm×1092mm 1/16 印张 10.5 字数 252 千字
版 次 2016 年 1 月第 1 版 2016 年 1 月第 1 次印刷
书 号 ISBN 978 – 7 – 5603 – 5713 – 3
定 价 35.00 元

前　言

由于传统化石能源的过度使用产生了一系列的环境污染问题,因此人们迫切寻求可以实现友好环境的可替代能源。氢能具有清洁、高效、可再生和不产生有害副产物等优点,已经引起了世界范围内的广泛关注。厌氧发酵生物制氢技术一方面可以减少有机废弃物(废水)对环境的危害,另一方面还可以利用有机废弃物(废水)产生清洁能源(氢气)而更具发展前景。连续流悬浮生长系统和连续流附着生长系统是目前最为常用的厌氧发酵生物制氢系统,本书在研究了这两种制氢系统的建立与运行后,提出一种新型的连续流混合固定化污泥反应器发酵制氢,以期为厌氧发酵生物制氢技术的产业化应用提供基础的技术和理论依据。

本书主要内容如下:上编为"活性污泥–生物膜"处理废水复合生物制氢工艺,含"活性污泥–生物膜"工艺绪论,试验装置与方法,连续流悬浮生长系统制氢工艺的建立与运行,连续流附着生长系统制氢工艺的建立与运行,连续流混合固定化污泥反应器发酵制氢等5章;中编为生物制氢系统的负荷冲击与活性污泥强化恢复作用,含生物制氢系统绪论,试验装置与方法,连续流生物制氢系统的负荷冲击,强化污泥对生物制氢系统负荷冲击的恢复作用,间歇培养中的负荷冲击等5章;下编为生物制氢系统的稳定性,含生物制氢系统的稳定性绪论,试验装置与方法,红糖废水乙醇型发酵启动、运行及蛋白废水冲击过程,UASB生物制氢系统运行与大豆蛋白废水冲击过程,混合底物在CSTR和UASB中制氢效果对比等5章。本书上、中两编由韩伟撰写,下编由李永峰、王占清撰写,全书由岳莉然主审。

谨以此书献给李兆孟先生(1929.7.11—1982.5.2)。

厌氧生物制氢是任南琪院士发展起来的理论和技术,作者作为他的学生们在其指导下,多年来一直持续研究这一课题。本书融入了作者多年的研究成果,但水平所限,疏漏和不妥之处在所难免,敬请读者批评指正。

作　者
2016 年 1 月

目　　录

上编　"活性污泥－生物膜"处理废水复合生物制氢工艺

第1章　"活性污泥－生物膜"工艺绪论 ················· 3

1.1　概论 ··· 3

1.2　生物制氢技术 ······································· 4

1.3　厌氧发酵生物制氢的产氢机理 ············· 6

1.4　厌氧细菌的发酵法生物制氢系统和工艺 ····· 8

1.5　厌氧发酵生物制氢技术的发展现状 ········· 14

1.6　厌氧发酵生物制氢产氢微生物的生长方式 ····· 19

1.7　本课题的研究目的、意义与内容 ············· 20

第2章　试验装置与方法 ······················· 22

2.1　试验装置 ··· 22

2.2　试验方法 ··· 24

2.3　试验分析项目及方法 ····························· 25

第3章　连续流悬浮生长系统制氢工艺的建立与运行 ····· 27

3.1　厌氧发酵制氢关键直接可控影响因素 ········· 27

3.2　连续流悬浮生长制氢工艺的建立 ············· 30

3.3　厌氧发酵制取氢气和乙醇 ······················· 34

3.4　本章小结 ··· 36

第4章　连续流附着生长系统制氢工艺的建立与运行 ····· 37

4.1　连续流附着生长系统制氢工艺的建立 ········· 37

4.2　固定化污泥厌氧发酵生物制氢和生物制乙醇 ····· 41

4.3　本章小结 ··· 44

第5章 连续流混合固定化污泥反应器发酵制氢 ············ 45

5.1 CMISR 反应器乙醇型发酵微生物菌群的驯化 ········· 45

5.2 不同 OLR 对 CMISR 反应器产氢效能的影响 ········· 48

5.3 CMISR 反应器厌氧发酵制取氢气和乙醇 ··········· 53

5.4 本章小结 ······························ 55

上编结论 ································· 56

参考文献 ································· 58

中编　生物制氢系统的负荷冲击与活性污泥强化恢复作用

第6章 生物制氢系统绪论 ······················ 73

6.1 研究背景 ······························ 73

6.2 生物制氢技术的应用前景 ···················· 74

6.3 生物制氢技术的主要研究方向 ················· 75

6.4 发酵法生物制氢系统的工艺 ·················· 79

6.5 厌氧发酵生物制氢的产氢机理 ················· 79

6.6 不同底物发酵研究现状 ····················· 80

第7章 试验装置与方法 ······················· 83

7.1 试验装置 ······························ 83

7.2 种泥 ································· 84

7.3 试验废水 ······························ 84

7.4 分析检测的方法 ························· 85

第8章 连续流生物制氢系统的负荷冲击 ··············· 89

8.1 CSTR 生物制氢反应器的运行特性 ··············· 89

8.2 CSTR 生物制氢反应器的负荷冲击 ··············· 93

第9章 强化污泥对生物制氢系统负荷冲击的恢复作用 ········· 99

9.1 厌氧发酵产氢污泥的强化 ···················· 99

9.2 强化污泥对产气量及产氢量的影响 ··············· 101

9.3 强化污泥对液相末端发酵产物的影响 ············· 103

9.4 强化污泥对化学需氧量(COD)去除率的影响 ·········· 104

9.5　强化污泥对 pH 和 ORP 的影响 ··· 104

9.6　强化污泥对微生物生态变异性的影响 ··· 106

9.7　本章小结 ·· 106

第 10 章　间歇培养中的负荷冲击 ··· 108

10.1　产氢菌来源 ··· 108

10.2　培养液组成 ··· 108

10.3　微生物生长的分析 ·· 109

10.4　底物种类对厌氧发酵的影响 ·· 109

10.5　底物质量浓度对厌氧发酵的影响 ·· 114

中编结论 ·· 118

参考文献 ·· 119

下编　生物制氢系统的稳定性

第 11 章　生物制氢系统的稳定性绪论 ··· 127

11.1　课题背景 ··· 127

11.2　厌氧发酵生物制氢的理论与实际意义 ·· 127

11.3　生物制氢国内外研究进展 ·· 129

11.4　红糖废水 ··· 131

11.5　大豆蛋白废水常见处理工艺 ·· 131

第 12 章　试验装置与方法 ··· 133

12.1　试验装置 ··· 133

12.2　接种污泥 ··· 134

12.3　试验底物 ··· 134

12.4　分析项目与方法 ·· 135

第 13 章　红糖废水乙醇型发酵启动、运行及蛋白废水冲击过程 ················ 136

13.1　红糖废水 CSTR 生物制氢反应器启动 ··· 136

13.2　红糖废水 CSTR 生物制氢反应器运行 ··· 138

13.3　红糖底物与大豆蛋白废水冲击过程 ··· 143

13.4　本章小结 ··· 145

第 14 章　UASB 生物制氢系统运行与大豆蛋白废水冲击过程 ···················· 147

　　14.1　UASB 生物制氢反应器概述 ···················· 147

　　14.2　厌氧消化过程中的 pH ···················· 147

　　14.3　USAB 生物制氢反应器的运行参数与方案 ···················· 147

　　14.4　结果分析 ···················· 148

　　14.5　本章小结 ···················· 151

第 15 章　混合底物在 CSTR 和 UASB 中制氢效果对比 ···················· 152

下编结论 ···················· 154

参考文献 ···················· 155

名词索引 ···················· 159

上　编

"活性污泥－生物膜"处理
废水复合生物制氢工艺

第 1 章 "活性污泥 – 生物膜"工艺绪论

1.1 概　论

能源与人类持续生存发展、社会经济文化的建设发展和地球生物圈的健康繁荣是密不可分的。目前,人类主要通过开采石油、天然气和煤等一次性化石燃料作为能源供给,这些能源一方面面临资源枯竭问题,另一方面,在利用的过程中还会引起全球气候和自然条件的改变、环境严重污染、生态及其生态系统平衡破坏等问题,而氢气作为没有污染的可持续供给的能源正逐渐被科学家们和社会所认可。

在诸多的新型替代能源中,氢能被认为是最有吸引力的替代能源。氢气作为一种未来的能源具有许多其他初级能源所不具备的优点:①氢元素是地球环境中构造单一和储藏量最大的化学元素;氢能是一类"洁净无瑕"的无任何污染的能源,氢气在燃烧释放热量过程中的反应产物中仅有唯一的成分——水,不产生任何形式的污染物,可达到所谓的"污染零排放",因此被人们称为"清洁能源"和"绿色能源"。②氢的能量利用率比其他热能要高出许多倍。氢在动力学系统改变过程中所产生的热转换效率比其他初级燃料高30% ~60%。③氢的能量密度值很高,是常规使用的汽油的近3倍。④氢气储存方便,氢气能够与一些金属化合物相结合而储存于金属化合物中。⑤氢气容易运输,输送特性便捷,氢的输送热量损耗比输电还要低。所以,氢能被认为是未来的能源供给的重要选项之一。

目前,世界各国的氢气生产主要是通过电解水来完成的,通过消耗电能来完成其工艺目标。而微生物发酵法生产氢气主要是通过微生物的生理生化的代谢过程产生分子氢,发酵底物多种多样诸如有机废水、碳水化合物(秸秆、食品废料)等,底物供给具有可持续特性,因此该技术已成为可再生的工程手段。哈尔滨工业大学市政环境工程学院任南琪院士从20世纪90年代就开始研究发酵法生物制氢技术,并建立了生物制氢的混合发酵理论和工程技术,产生了重大国际影响。

纯培养生物制氢工艺具有工艺操作简单、底物利用率高等优点而一直受到人们的关注。利用生物质进行乙醇的发酵转化已经实现了产业化应用,其主要的技术进步就是发现大量的生产乙醇的菌株,最终筛选出能够稳定生产乙醇的酵母菌,实现了乙醇的大规模生产。目前,国外学者已经分离出50余株产氢细菌,但是大部分都属于 *Clostridium*, *Enterobacte* 等少数几个菌属,发酵产氢微生物的遗传基础十分狭窄,另外由于所发现的产氢微生物的产氢能力低及菌种的耐逆性差等原因,到目前仍难以进行工业化生产。因此,在开展混合培养生物制氢的同时,从混合培养发酵生物制氢系统中分离培养出环境适应能力强、产氢效能高的新型产氢细菌,进行纯培养生物制氢研究,对拓宽产氢微生物种质资源、提高生物制氢效能具有重要的意义。

1.2 生物制氢技术

氢气由于具有清洁、无污染、可再生、可持续发展的特性而受到人们的青睐。早在18世纪,微生物的新陈代谢过程可以产生分子氢的现象就被人们所了解,20世纪70年代能源危机爆发,发酵制氢的工程化利用的潜在可能性受到关注。1966年,植物学家Lewis发现许多微生物(藻类和细菌)在厌氧环境条件下能产生氢气。人们期待氢气取代化石能源,从而避免化石燃料的过度使用而造成的环境污染和全球气候的急剧变化。国际社会为了减少环境污染和生态破坏而签订了著名的《京都议定书》。《京都议定书》规定在2008—2050年,条约签订方的二氧化碳排放量要比当时的1990年的排放量降低5.2%。世界各国开始大规模地开展清洁能源研究,而氢气就是首选目标之一。

1.2.1 光合法生物制氢技术

自Gaffron和Rubin(1942)发现一种绿藻(*Scenedesmas* sp.)在有光的情况下能够通过所谓的光合作用代谢产生氢气,经过多方研究,更多的资料显示绿藻和光合细菌都可以产生氢气(表1.1)。

几十年来,光合法生物制氢出现了大量的研究报告,世界各国的政府和科研机构、科学家们付出了不懈的努力,但是光合法生物制氢的产氢效果并不令人满意。光合微生物的产氢能力、光能的转化效率低下,微生物代谢过程的产氢稳定性不高,光源供给而引发的制氢成本增加,所有这些问题都使光合法生物制氢技术的研究陷入进退两难的境地。

表1.1 蓝细菌、绿藻和光合细菌产氢特性

种类	微生物种属	产氢量/ ($mmolH_2 \cdot g^{-1} \cdot h^{-1}$)	参考文献序号
蓝细菌	*Anabaena cylindrica* B-629	0.103	16
	Anabaena variabilis SA1	2.1	17
	Nostoc flageliforme	1.7	8
	Oseillatoria sp. MIAMIBG7	5	19
	Spirulina platensis	0.4	20
	Calotrix membtanacea B-379	0.108	21
绿藻	*Chlamydomonas reinhardii* 137C	2.0	12
	Scenedesmus obliquus D_3	0.3	11

续表 1.1

种类	微生物种属	产氢量/ ($mmolH_2 \cdot g^{-1} \cdot h^{-1}$)	参考文献序号
	Rhodobacter sphaeroides RV	3.3	22
	Rhodopseudomonas capsulata B10	2.4	23
光合细菌	*Rhodospirillum molischianum*	6.2	24
	Rhodopseudomonas palustris	1.9	25
	Rhodospirillum ruburm	0.89	26

1.2.2 发酵法生物制氢技术

光合法生物制氢技术的两难境地并没有阻止科学家们对生物制氢技术的探索。发酵细菌的产氢特性成为人们在产氢技术研发方面新的选择。部分发酵细菌能够通过发酵作用,在分解底物的过程中逐步产生分子氢。而这样的微生物类群有很多,如丁酸性梭状芽孢杆菌(*Clostridium butyricum*)、巴氏梭菌(*Clostridium pasteurianum*)等,涉及多个微生物种群(表1.2)。

科学工作者们不断分离出很多产氢发酵细菌期望获得高产氢工程用菌。2002 年,Kumar 等分离到的一株阴沟肠杆菌(*Enterbacter cloacae*)的产氢量最高可以达到29.63 mmol $H_2/(g \cdot h)$。

发酵法生物制氢比光合法生物制氢具有无可比拟的优点:①产氢稳定。发酵法生物制氢可以利用有机化合物类的多种底物和废弃物的分解代谢制取氢气,无需光源,不分昼夜地连续制氢,从而保证持续稳定地生产氢气。②发酵细菌的产氢量大。发酵产氢菌中的产氢量高于光合产氢细菌,大多数光合产氢细菌的产氢量都在 5 $mmolH_2/(g \cdot h)$ 以下,而发酵细菌如产气肠杆菌 *Enterobacter aerogenes* E.82005 产氢量为 17 $mmolH_2/(g \cdot h)$。③制氢成本低。发酵产氢细菌所分解的底物是植物光合作用的产物,就其本质而言是对太阳能的二次使用,也可以利用生产过程的废弃下脚料和废水作为发酵的原材料,实现废物的无害化处理和资源化再利用,从而降低发酵法制取氢气的生产成本。

表 1.2 发酵产氢微生物类群

细菌名称	细菌种属	细菌编号	参考文献序号
产气肠杆菌	*Enterobacter aerogenes*	E.82005	25,26
产气肠杆菌	*Enterobacter aerogenes*	HO－39	28,29
产气肠杆菌	*Enterobacter aerogenes*	HU－101	40
产气肠杆菌	*Enterobacter aerogenes*	NCIMB 10102	41
拜氏梭菌	*Clostridium beijerinckii*	AM21B	42
丁酸梭菌	*Clostridium butyricum*	IFO3847	43
丁酸梭菌	*Clostridium butyricum*	NCTC 7423	43

续表 1.2

细菌名称	细菌种属	细菌编号	参考文献序号
丁酸梭菌	*Clostridium butyricum*	IAM19001	44
巴氏梭菌	*Clostridium pasteurianum*	—	45
艰难梭菌	*Clostridium difficle*	13	46
生孢梭菌	*Clostridium sporogenes*	2	45,46
梭菌属	*Clostridium sp.*	NO.2	47,48
丙酮丁醇梭菌	*Clostridium acetobutylicum*	ATCC824	43
热纤维梭菌	*Clostridium thermocellum*	651	40
阴沟肠杆菌	*Enterobacter cloacae*	IIT – BT 08	41
大肠杆菌	*Escherichia coli*	—	40
柠檬酸杆菌属	*Citrobacter sp.*	Y19	45
中间柠檬酸杆菌	*Citrobacter intermedius*	—	47
地衣芽孢杆菌	*Bacillus licheniformis*	11	49

1.3 厌氧发酵生物制氢的产氢机理

截至目前,已经发现四五十个属的微生物在自身新陈代谢过程中具有释放分子氢的特点,大部分为化能自养型微生物,其中一些产氢量和效率很大,这些微生物新陈代谢过程所产生的分子氢的累积,就是构成所谓氢能源来源的氢气。产氢代谢机理有 3 种:EMP(糖酵解)生物化学途径中的丙酮酸脱羧产氢,NADH/NAD$^+$(辅酶Ⅰ)的氧化与还原平衡调控产氢以及产氢产乙酸菌的产氢。

1.3.1 EMP 生物化学途径中的丙酮酸脱羧产氢机理

厌氧发酵细菌处于进化的早期阶段,细菌的细胞体内缺乏上下衔接呼吸链电子传递体系完整的系统,新陈代谢过程中脱氢反应所产生的"多余过剩"电子,须经特定的途径得到"接收和释放",底物的氧化与还原过程由此获得平衡,以氧化还原过程为主的代谢过程才能持续进行。这些剩余电子脱出的氢除了被中间代谢产物接纳,还可以直接产生分子氢,是产氢细菌为解决"过剩"电子所采取适应性的反应所必需的一种调节方法。

之所以能够产生分子氢,是因为这些微生物含有氢化酶。目前,科学家们对蓝细菌和藻类的氢化酶研究已获得了大量资料,但是对发酵产氢细菌的氢化酶研究不多,有人报道了杆菌中氢化酶的分子结构、催化活性位点及产氢代谢机理。细菌氢化酶的产氢作用需要铁氧还蛋白的调节和控制,一般含有 8Fe 铁氧还蛋白(巴氏梭状芽孢杆菌),其调节活性中心为 $Fe_4S_4(S-CyS)_4$ 型,经碳水化合物的分解代谢——EMP 生物化学途径分解葡萄糖形

成 CO_2、H_2、乙酸、乙醇等产物。

发酵产氢细菌的直接产氢位点均发生于丙酮酸脱羧反应中。①梭状芽孢杆菌型:首先,丙酮酸在丙酮酸脱氢酶的催化作用下脱羧,羟乙基与酶的 TPP 相结合,形成"硫胺素焦磷酸 - 酶"的复合物;其次,生成乙酰 CoA,经过脱氢过程将电子转移给氢化酶的铁氧还蛋白分子,使铁氧还蛋白分子变为还原型;最后,还原的铁氧还蛋白在铁氧还蛋白氢化酶催化下,再次被氢化,因此而产生氢分子。②肠道杆菌型:丙酮酸脱羧后形成甲酸,然后甲酸的一部分或全部被代谢成为 H_2 和 CO_2。

由此可见,通过糖酵解的代谢途径产氢过程,梭状芽孢杆菌型和肠道杆菌都是如此,后来进一步发现这种途径普遍存在,尽管具体产氢方式有所不同,共同的特征是产氢均与丙酮酸脱羧过程相偶联。

1.3.2 NADH/NAD^+的氧化与还原平衡调控产氢机理

微生物发酵产氢的代谢系统内,底物碳水化合物经 EMP 途径产生的还原型辅酶 I (NADH/H^+),通过与丙酸、丁酸、乙醇或乳酸等代谢产物相氧化反应偶联,氧化型辅酶 I (NAD^+)因此而得到再生,代谢过程中 NADH/NAD^+的平衡关系得到确立,这一过程发生在厌氧细菌的代谢过程之中。这也是有机废水厌氧生物处理中产生丙酸型发酵、丁酸型发酵及乙醇发酵型的标志之一。细胞内的 NAD^+ 与 NADH 的数量和比例是一定的,当 NADH 的氧化过程相对于 NADH 的形成过程较慢时,必然会产生 NADH 的剩余。为保证细胞代谢过程的不中断,在氢质子不能通过其他途径得以消化时,发酵细菌可以通过释放分子形式的 H_2 的方式将过量的 NADH 氧化,这也造就了目标产物——氢气的产生,反应方程式为

$$NADH + H^+ \longrightarrow NAD^+ + H_2 \tag{1.1}$$

活性污泥产氢系统中,存在大量的微生物,这里谈及的是处于顶级群落的微生物。与大多数微生物类群相似,厌氧产氢细菌最适 pH 也在 7 左右。然而,发酵过程有机挥发酸的大量产生,使生境中的 pH 迅速降低甚至低于 3.8,这会对发酵细菌的生长产生抑制,发酵细菌也将被迫中断酸性产物的生成代谢。分子氢的产生和释放,末端发酵产物中还原性产物乙醇等和其他醇类物质的增加,也能加剧这种酸化过程的弱化,但这并不意味着乙醇等物质的形成争夺了氢分子形成过程的氢质子资源,反而会保持产氢过程的顺利进行,因为乙醇等物质的形成更加保证了产氢微生物在酸化生境中的存活机会。

1.3.3 产氢产乙酸菌的产氢机理

产氢产乙酸菌(H_2 - producing acetogens)能将厌氧产酸发酵阶段所产生的底物如丙酸、丁酸、戊酸、乳酸和乙醇等作为它的进一步发酵底物,经过一系列反应转化为乙酸,同时也能够释放分子氢。这给了人们再次利用发酵非氢物质进一步生产氢气的机会。目前为止,这方面的研究缺乏大量的研究报道和资料。

1.4　厌氧细菌的发酵法生物制氢系统和工艺

1.4.1　发酵法生物制氢工艺

厌氧细菌分解富含碳水化合物的底物或废弃物通过厌氧代谢可以产生氢气。在厌氧发酵过程中产生的气体除了含有 H_2 外,主要还含有 CO_2 以及少量的 H_2S 和 CO 等气体。任南琪院士等分离培养并且成功地发现了发酵产氢细菌 R3 等菌株。这些发现不但增加了生物制氢的工程微生物的种质资源,发酵类型称之为乙醇型发酵,而且证明了这种乙醇型发酵微生物的种质基础。这些细菌易于用诸如葡萄糖及其同聚物诸如淀粉、半纤维素和纤维素等碳水化合物作为产氢基质。发酵产氢途径及其通量控制决定了 H_2 的产量,当乙酸作为末端发酵产物的代谢途径时,在理论上,1 mol 葡萄糖可以产生 4 mol 的 H_2,反应方程式为

$$C_6H_{12}O_6 + 2H_2O \longrightarrow 2CH_3COOH + 4H_2 + 2CO_2 \qquad (1.2)$$

当丁酸作为末端发酵产物的代谢途径时,在理论上,1 mol 葡萄糖可以产生 4 mol 的 H_2,反应方程式为

$$C_6H_{12}O_6 + 2H_2O \longrightarrow CH_2CH_2CH_2COOH + 4H_2 + 2CO_2 \qquad (1.3)$$

专家们的结论是:当以乙酸为主要末端发酵产物时,氢气产量较高;在活性污泥的混合培养条件下,以乙酸和丁酸为主要末端发酵产物时的体系,氢气产量较高;而当以丙酸和还原形式的乙醇和乳酸为主要末端发酵产物时,氢气产量较低。任南琪院士等的研究表明,当主要末端发酵产物为乙醇时,氢气产量却较高,这给传统理论和方法带来了挑战。

从表 1.3 中可以观察到采取不同方式的生物制氢方法,产氢效率和产氢能力的差异是很大的。光合生物制氢系统(光合成生物制氢工艺和光降解生物制氢工艺) H_2 分子合成低于 1 $mmolH_2/(L \cdot h)$,发酵生物制氢系统的产氢效率和能力也是差异很大,有些方法产氢速率极高。在光和发酵耦合生物制氢工艺中,Tsygankov 等报道了利用 *Rhodobacter spheroids* GL1 细胞固定化之后的氢气产率达到 3.6 ~ 3.8 $mLH_2/(mL \cdot h)$,令人眼前一亮。

表 1.3　不同生物制氢系统的产氢速率

生物制氢系统	氢合成速率	氢合成速率(换算)/ $(mmolH_2 \cdot L^{-1} \cdot h^{-1})$	参考文献序号
光合成生物制氢系统	4.67 $mmolH_2/(L \cdot 80 h)$	0.07	52
光分解生物制氢系统	12.6 $mmolH_2/(\mu g\ protein \cdot h)$	0.355	53
光合 – 发酵生物制氢系统	4.0 $mLH_2/(mL \cdot h)$	0.16	54,55
水气交换反应生物制氢系统	0.8 $mmolH_2/(g\ CDW \cdot min)$	96	56
离体氢酶生物制氢系统	11.6 $molH_2/mol$ 葡萄糖	—	6

续表1.3

生物制氢系统	氢合成速率	氢合成速率(换算)/ $(mmolH_2 \cdot L^{-1} \cdot h^{-1})$	参考文献序号
Mesophilic,纯菌	21.0 mmolH$_2$/(L·h)	21	57
Extreme thermophilic,纯菌	8.4 mmolH$_2$/(L·h)	8.4	51,52
活性污泥法	36 mLH$_2$/(g cell·h)	—	12
	5.4 mol/kgCOD	—	58

应该说,光合制氢系统的产氢能力在某种程度上是难以满足现实能源需求的,然而光合制氢系统同样具有研究的意义和价值。比方说,利用绿藻光合制氢可以消耗水中有机底物制取氢气,其太阳能转化率相比其他植物和树木高出8倍,然而遗憾的是需要补充光能,提供的氧气也无益于制氢过程;蓝细菌光降解生物制氢系统可以在水中制造氢气,机理是通过固氮酶来完成氢气的释放,与此同时固定大气中的分子 N_2,缺点主要是固氮酶容易被转移走且需要太阳光,另外产生的气体中除了 H_2 外,还混有体积分数约为30%的 O_2 和少量的 CO_2,而 CO_2 与 O_2 抑制固氮酶的固氮及产氢。

厌氧发酵生物制氢可以利用不同的有机底物(如蔗糖、淀粉、木质素、纤维素等),除了可以制取氢气外,同时还伴随着产生乙酸、丁酸、乳酸等有价值的副产品。然而厌氧发酵生物制氢技术也有一定的缺点需要进一步完善,例如,发酵液的排放可能污染环境,CO_2 存在于气体中,但是可以通过对排放的发酵液进一步甲烷化处理或光合法生物制氢,进一步利用液相有机酸末端发酵产物生产氢气。因此,从以上分析和表1.3可以看出,发酵法生物制氢工艺具有不可替代的优势。

1.4.2 混合培养发酵法生物制氢工艺

混合培养发酵法生物制氢工艺的基本操作是:首先,驯化和接种活性污泥,通过微生物"厌氧产氢－产酸发酵"过程获得目标产物——氢气,产氢系统就是传统的作为污水的"两相厌氧生物处理工艺"的"产酸相";其次,接种活性污泥至反应器后,再次驯化培养和调控,反应底物是高浓度有机废水,加入反应器中一些氮和磷,使发酵制氢反应器逐渐形成最佳发酵类型——乙醇型发酵状态,从而实现氢气的连续稳定生产。目前主要开发和利用反应器的是任南琪院士等改良的完全混拌式生物制氢反应器。

1. 工程控制参数

产酸相的发酵液中,乙醇含量的高比例出现是反应器最佳运行状态的生物标志物,这种代谢类型称之为乙醇型发酵。这种发酵类型受工程运行参数的控制,如温度、pH、水力停留时间、碱度等。其中,碱度是主要参数。

(1)温度。当温度在35~37 ℃时,系统内厌氧活性污泥和微生物菌群具有较好的生长与繁殖状况,其有机物转化成乙酸等产物即酸化率及产气率达到最高。但是,温度对发酵末端发酵产物的成分构成影响不大。

（2）pH。产酸发酵细菌包括稳定性较强的乙醇型发酵菌群，对 pH 的变化均十分敏感。反应器内 pH 的变化会造成其微生物生长繁殖速率及代谢途径的改变。另外，pH 的变化也会引起系统内液相末端发酵产物含量和比例的改变，pH 分布在 4.0 ~ 5.0 范围内时，末端发酵产物主要是乙醇、乙酸，其含量也最高，表现出典型的代谢类型——乙醇型发酵；pH 分布在 4.4 ~ 5.0 范围内，末端发酵产物的构成亦含有少量的丙酸和乳酸，这些物质可能就是导致后续处理系统内的丙酸积累的原因，对产甲烷相的正常运行产生不利影响；当 pH 分布在 4.0 ~ 4.6 范围内，末端发酵产物主要包括乙酸、乙醇、丁酸，然而，这些液相末端发酵产物都是产氢过程中理想的目标副产物。但是，当 pH < 4.0，由于末端发酵产物中有机酸的过度积累造成系统内的过度酸化，发酵系统的细菌的产氢代谢过程受到干扰和抑制，产氢率急剧下降。此刻，最佳的乙醇型发酵 pH 在 4.0 ~ 4.5 范围内。

（3）水力停留时间（HRT）。水力停留时间直接制约着微生物与底物接触的机会和时间，停留时间短暂，不能够充分地进行发酵反应；停留时间较长，反应器效能的效率会降低。经常观察到反应器出水中有大量活性污泥（细菌絮体）流出，进一步会导致反应器产氢量的降低。根据产氢量和活性污泥的截留，水力停留时间应该保持 4 ~ 6 h。

（4）碱度。当厌氧发酵制氢系统在较高有机负荷条件下运行时，系统的进水碱度必须大于 250 mg/L，以保证乙醇型发酵所需要的最适 pH（pH = 4 ~ 4.6）；如果进水碱度小于 250 mg/L，出水 pH 降至 4.0 以下，这样低下的酸性环境，微生物代谢受到抑制，不可能有较大的产氢量。采用投加 $NaHCO_3$，NaOH，Na_2CO_3 和石灰等方法可以调控进水的碱度。

任南琪院士等已经报道了发酵法生物制氢工艺的详细技术，并进行了小试、中试和生物制氢生产示范化工程。总结起来，发酵法生物制氢工艺至少包括以下几个操作步骤：①以活性污泥作为种泥接种反应器内；②温度控制在 35 ~ 38 ℃，pH 在 4.0 ~ 6.0 范围内，水力停留时间为 4 ~ 6 h。研究证明，任南琪院士等的乙醇型发酵生物制氢理论指导的发酵法生物制氢技术具有较高的产氢量。

2. 存在的问题与解决途径

为了达到连续稳定地制取氢气，选择碳水化合物为主要成分的反应物。在理论上，1 mol 葡萄糖通过以乙酸为主要末端代谢产物的代谢反应产生理论值为 4 mol H_2；以丁酸为主要末端发酵产物时，产生理论值为 4 mol H_2，任南琪院士等以甜菜糖厂制取食糖的糖蜜废水为底物时，小试、中试和生产示范的制氢实验效果都很好。Lay 利用淀粉废水发酵制氢，获得了 2.2 molH_2/mol 六碳糖的氢气产量。遗憾的是，大多数科学家们很少采用成本低廉或没有成本的固体废弃物和废水，难以达到以可持续性为目的的工艺要求。可持续利用和可再生的底物应当包括糖料作物（甜菜、甘蔗、甜高粱等），以淀粉为主要成分的作物（马铃薯、甘薯、玉米和小麦），以木质素和纤维素为主要成分的植物（饲料草和 Miscanthus）。生物制氢的反应物料的特殊要求，给生物制氢工艺提出了新的挑战，那就是如何利用较少数量和在一定时段上能够提供的有限的反应底物。短时间内生产氢气的任务，生物制氢的连续流生产工艺就显得不能够胜任，需要开发分批培养和补料 – 分批培养工艺。

采用或不采用预先对污泥进行热处理的方法，结论不一，任南琪院士等从高效运行的生物制氢反应器中分离得到了一些具有更高产氢能力的特殊新菌种（R3 菌株）。在适合纯培养的生物制氢物料中,可以这样做。吹脱氮气有利于发挥系统产氢潜能。

1.4.3 纯培养发酵法生物制氢工艺

纯培养生物制氢工程要比混合培养生物制氢开展早许多年,但是自从任南琪院士等开展活性污泥发酵法生物制氢以来,混合培养生物制氢取得了巨大的成功。在任南琪院士等混合培养的发酵生物制氢系统,分离出一批以 R3 为代表的新型产氢细菌。开展纯培养微生物的生物制氢具有重要意义:第一,以一些特定的生物质为原料的生物制氢,应该进行分批培养和补料分批培养的纯菌制氢;第二,在以混合培养为主的大型生物制氢工厂,附之纯培养生物制氢工艺,以补充氢气生产的速率和流量;第三,以特定生物质制氢工程,需要开展纯培养研究,观察底物制氢的有效性和效能;第四,尽管其他科研人员研究纯培养制氢取得的成绩还不能与混合培养制氢的结果相比,但是有必要进行新型菌种的纯培养生物制氢工程研究,扩大不同类型菌种制氢的应用。

1. 纯培养发酵法生物制氢技术

尽管早在 20 世纪 80 年代,Suzuki 等利用细胞固定化连续培养技术在 1980 年研究了 *Clostridium butyicum* 的氢气生产;Tashino 等在 1983 年就开始了利用 *Enterobacter aerogenes* 纯间歇培养,在接种 5.5 ~ 6.5 h 后,产生 0.20 ~ 0.21 LH_2/L,他们获得的氢气产率相近。研究一直持续到现在,但是多年的纯培养制氢研究还没有实现工业化生产。主要的原因就是所采用的菌种来源太少,缺乏工程上所需的产氢菌种和制氢技术。纯培养研究一直持续到 20 世纪 90 年代中叶,纯培养制氢研究逐步成为生物制氢研究的热点。代表性的菌种有 *Enterobacter aerogenes* B.82005 等。1994 年,任南琪院士等从活性污泥入手,开始了混合培养生物制氢的研究,经过 15 年的探索,已经把混合培养发酵法生物制氢工艺深入到生产示范工程,实现规模化工业化生产。相比较而言,纯培养生物制氢相对落后,国际上也于 2000 年开始把注意力集中在混合培养,陆续报道了一些研究成果。但是,纯培养研究也随着菌种的不断发现,再次成为与混合培养并列引起人们关注的两个热点。代表性的菌种有 *Enterobacter clocae* IIT－BT08,*Clostridium butyricum* CGS5 和 B49。发酵法生物制氢所利用的底物不断扩大,除了废弃物和废水外,生物质作为底物的研究越来越受到人们的重视,这样成分不是很复杂的生物质、废水和废弃物,可以成为纯培养生物制氢的作用底物,使得纯培养生物制氢的研究持续不断。纯培养生物制氢的研究和产业化,随着新菌种的发现,前景十分看好。

2. 分批培养工艺

分批培养是一种最简单的发酵方式,在培养基中接种后通常只要维持一定的温度,厌氧过程还需要驱逐溶解氧。在培养过程中,培养液的菌体浓度、营养物质浓度和产物浓度不断变化,表现出相应的变化规律。

(1)细菌的生长。分批培养的细菌生长一般经过延迟期、指数生长期、减数期、静止期和衰亡期 5 个阶段。延迟期是菌体细胞进入新的培养环境中表现出来的一个适应阶段,这时菌体浓度虽然没有明显的增加,但在细胞内部却发生着很大的变化。产生延迟期的原因有培养环境中营养的改变(碳源的改变等),物理环境的改变(温度、pH 和厌氧状况),存在抑制剂和种子的状况有关。延迟期结束后,因为培养液中的营养因素十分丰富,菌体生长不受任何限制,菌体浓度随时间指数增大,故称之为指数生长期。随着细菌的生长,发酵液中的营养不断消耗减少,有害代谢产物不断积累,菌体生长的速率逐渐下降,进入减数期,而细菌生长和死亡速率相等时,菌体浓度不变化,进入静止期。当培养液中的营养物质耗尽和有害物质浓度过度积累,细胞生长环境恶化,造成细胞不断死亡,进入衰亡期。一般的培养过程在衰亡期之前结束,但是也发现有些生物过程在衰亡期尚有明显的产物形成期。当培养液中的营养物质耗尽和有害物质浓度过度积累,细胞生长环境恶化,造成细胞不断死亡,进入衰亡期。一般的培养过程在衰亡期之前结束,但是也发现有些生物过程在衰亡期尚有明显的产物形成。

(2)底物的消耗。培养过程中消耗的底物用于菌体生长和产物的形成,有的底物还与能量的产生有关。一般而言,底物的消耗与菌体生长浓度和增殖率成正比,与得率成反比。

(3)产物的生成。一般认为,分批培养中产物的生成与生长的关系归纳为 3 种关系,即产物的生成与生长相关、部分相关和不相关。产物的生成与生长相关多见于初级代谢产物的生产;产物的生成与生长部分相关,产物的生成速率即与细胞的比生长速率有关,也与细胞的浓度有关;产物的生成与生长不相关,则见于次生代谢产物的生产。

(4)工程控制参数。Minnan 等发现的 *Klebsiella oxytoca* HP1 的分批培养试验结果表明,氢气生产的最佳条件是:葡萄糖浓度、起始 pH、培养温度和气相氧分别是 50 mmol 葡萄糖、起始 pH 为 7.0、35 ℃和体积分数为 0% 的氧,最大的氢气生产活性、产率和产量分别为 9.6 mmol/(g CDW · h),87.5 mL/(L · h)和 1.0 mol/mol 葡萄糖。*Klebsiella oxytoca* HP1 发酵氢气生产强烈地依赖于起始 pH。Chen 等报道了 *Clostridium butyricum* CGS5 在起始蔗糖质量浓度为 20 g COD/L(17.8 g)和 pH 为 5.5 情况下的分批培养研究结果,其产量为 5.3 L 和 2.78 molH$_2$/mol 蔗糖,在 pH 为 6.0 条件下,最高的氢气产率为 209 mL/(L · h)。Jung 研究的 *Citrobacter* sp. Y19 在分批培养中,最佳的细胞生长和氢气生产在 pH 为 5.0 ~ 8.0、温度在 30 ~ 40 ℃、氧分压为 0.2 ~ 0.4 atm(1 atm = 1.01 × 10^5 Pa),其最大产氢量为 27.1 mmol/(g · h)。

3. 连续培养工艺

在连续培养中,不断向反应器中加入培养基,同时从反应器中不断释放出培养液,培养过程可以长期进行,可以达到稳定状态,过程的控制和分析也比较容易进行。生物反应器的培养基接种后,通常先进行一段时间的培养,待菌体浓度达到一定数量后,以恒定流量将新鲜培养基送入反应器,同时将培养液以同样的流量抽出,因此反应器中的培养液体积保持不变。在理想状态下,培养液中各处的细胞浓度和产物浓度分别相同。和分批培养相比,连续培养省去了反复放料、清洗发酵罐等程序,避免了延迟期,因而设备的利用率高。Minnan 等发现的 *Klebsiella oxytoca* HP1 的连续培养试验结果表明 pH 控制在 6.5,培养温度控制在 38 ℃,驱除气相中的氧成分和回添氩气。培养起始阶段,由于较少的菌体含量,氢气生产率较低。培养 12 h 后,产氢活性和产率都得到提高,在上述条件下,氢气产率和产量分别达到 15.2 mmol/(g CDW · h),350 mL/h 和 3.6 mol/mol 蔗糖。Jung 研究的 *Citrobacter* sp. Y19 在连续培养中,最佳的细胞生长和氢气生产分别在 pH = 5.0 ~ 7.5、温度在 30 ~

40 ℃、氧分压为 0.2～0.4 atm,其最大产氢量为 20 mmol/(g·h)。

4.补料分批培养工艺

补料分批培养是介于分批培养和连续培养之间的一种运行方式,随着分批培养的持续进行,发酵液营养物质的不断消耗,向反应系统内分批次地补充其中的微生物所需要的营养物质,本措施的目的是为达到延长发酵生产期和控制发酵生产目标产物的过程。随着反应器内的不断补料,发酵液的数量和体积不断扩大,达到一定体积大小时需要结束发酵,或者倒出一定体积的发酵液,余下的发酵液可以继续发酵。补料分批培养技术可以适时地对发酵过程补充营养,改善反应器环境和控制工艺,提高发酵效率,在医药、食品等领域的生产中得到普遍使用。

5.纯培养生物制氢进展

尽管利用纯培养生物制氢技术提出得很早,但是人们只是停留在少数 *Enterobacter*, *Clostridium* 等几个菌种上,技术进步和研究成果与混合培养比较,研究相对落后。直到最近人们又开始重新对纯培养产生兴趣,不断扩大菌种来源 *Citrobacter*, *Klebsiella*,并且研究产氢微生物对底物的来源范围不断扩大。一些 *Enterobacter* 的株系可以利用可溶性淀粉、食品废弃物、造纸废液、小麦淀粉、糖类生物质、食品废水、大米造酒废水等来源广泛的氢气生产底物。Angenent 等对工业和农业废水的氢气生产有了一个综述,Logan 采用了一个新型分批培养技术用于生物制氢。在纯培养生物制氢的研究中,*Clostrodiu* 产氢菌的研究十分详尽,是模式菌种。Collet 等报道了 *Clostridium thermolacticum* 纯培养生物制氢的研究结果。在含有乳糖的培养液中,大量氢气生成。在乳品工业中,有大量牛奶渗透到废流中,其中乳糖的质量分数多达 6%,是一个有价值的生物制氢底物来源。在连续培养工艺中,*C. thermolacticum* 氢气产量达到 5 mmol/(g·h)。围绕着 *Clostridium* 菌属的其他菌种的研究表明,同一属内的菌种的培养特性和产氢能力有所不同,培养条件对 *C. thermolacticum* 乳糖的氢气生产有着很重要的影响。在气相产品中 H_2 的含量很高,而 CO_2 的含量却很少。细胞代谢释放的 CO_2 进入培养液形成碳酸盐或以重碳酸根离子的形式存在。Frick 等进行的中试表明培养液的缓冲液强烈地改变培养液中气相 CO_2 和不溶解的 CO_2 之间的平衡。Lee 等报道了提高碱度,有利于氢气产率的增加。在碱性 pH 条件下,乳糖的氢气生物转化,氢分压由 53 kPa 增加到 78 kPa,氢气产量从 2.06 mmol/(L·h)增加到 3.0 mmol/(L·h),一些研究者则有相反的结论。乙醇的形成减少了氢气的产量,这一结论受到人们的置疑。利用 *Clostrodium* 消化其他有机物生产氢气也有许多报道,菊粉、蔗糖、己酰氨基糖和角素等含木质素的废液和污水污泥以及其他方面等都有进行纯培养生产氢气的报道。

如前所述,产氢菌 *Clostridium butyricum* CGS5 是一个比较成功的报道。尽管 *Clostridium* 产氢菌比 *Enterobacter* 对氧气敏感,人们还是热衷于研究它的产氢特性,这些菌种在价格便宜的培养液中可以进行有效的氢气生产。*Clostridium butyricum* 氢气生产的 pH 最佳范围是 5.5～6.7,而在 pH 为 5.0 时,氢气生产受到抑制。同样,有机负荷起着十分重要的作用。乙醇产量相对较少,属于丁酸型发酵。纯培养生物制氢的研究中,*Clostridium* 产氢菌的一些研究结果为发酵生物制氢工艺提供了许多具有指导意义的基础资料。

1.5　厌氧发酵生物制氢技术的发展现状

1.5.1　产氢效率高菌种的分离和培养

国外对生物制氢的基础研究和工程技术的研究尚属于实验室的小试阶段,发酵细菌的产氢效率不高成为限制生物制氢商业化应用的重要原因。为了解决这一困难,学者们纷纷进行产氢微生物菌种的收集、分离和培养研究,希望获得高产氢量和高产氢速率的菌种。

Jung 从厌氧消化污泥中分离出一株化能异养菌 *Citrobavter sp.* Y19,最大产氢能力为 27.1 $mmolH_2/(g \cdot h)$;Yokoi 等从土壤中分离到产气肠杆 HO-39 菌株,其最大产氢能力为 850 $mLH_2/(L \cdot h)$;Rachman 等分离到气肠杆菌 HU-101 突变株 A-1 的产氢能力为 78 $mmolH_2/L$ 培养基;任南琪院士等从混合培养的制氢反应系统的活性污泥中分离获得了一株著名的发酵产氢厌氧细菌 R3,其产氢能力为 29 $mmolH_2/(g \cdot h)$。

1.5.2　厌氧发酵生物制氢的发酵类型

产氢发酵是特定微生物在严格厌氧条件下所进行的一种新陈代谢反应,以富含碳水化合物的有机物质作为电子供体的生物化学过程。在无氧条件下,有机化合物的氧化消解过程中,其电子传递体 $NADP^+$ 或 NAD^+ 在接受电子转换后而成的 NADPH 或 NADH,无法通过电子传递链的传递而被氧化。然而,微生物体内的 $NADP^+$ 以及 NAD^+ 的数量都是固定的且数量有限,如果细菌的代谢过程间断,NADH 或 NADPH 必须被还原成为 NAD^+ 及 $NADP^+$。由于细菌类群不同及不同生境的生态位存在着较大的改变,发酵产物的成分是受产能过程和 $NADH/NAD^+$ 的氧化还原偶联过程控制,不同的发酵类型也因此而产生。

在废水发酵中,将发酵分为丁酸型发酵和丙酸型发酵两类。任南琪院士等发现了乙醇型发酵的有机废水产酸发酵的新类型。3 种发酵类型与丁酸发酵、丙酸发酵及混合酸发酵一样,由于发酵生态系统及微生物有一定差别,所以最终的发酵产物有相当的差异。

1. 丁酸型发酵(Butyric acid-type fermentation)

在厌氧系统中生物质发酵的主要末端发酵产物为挥发性有机酸,例如丁酸、乙酸、H_2、CO_2 和丙酸。能够进行丁酸型发酵的主要微生物是由梭状芽孢杆菌属(*Clostridium*)的一些菌种构成的,如酪丁酸梭状芽孢杆菌(*C. tyrobutyricum*) 以及丁酸梭状芽孢杆菌(*C. butyricum*)等。微生物产乙酸过程中将产生大量 $NADH + H^+$,由于乙酸的缘故,所形成的酸性末端发酵产物导致系统的酸化,pH 过低产生负反馈调节作用。微生物进化成为一个机制:产乙酸过程与丁酸循环机制偶联(即丁酸型发酵)就可以解决这一难题。在这个循环代谢途径中,在产丁酸的代谢过程中,也无法氧化在产乙酸过程中而产生的"多余过剩"的 $NADH + H^+$,可以认定,产生丁酸的代谢可以有效地减少 $NADH + H^+$ 的数量,因此可以减少酸性末端的过多产生,保证了碳水化合物的分解代谢进程的正常进行。

从式(1.4)中可以看出,丁酸型发酵中的丁酸与乙酸物质的量之比约为2:1。

$$C_6H_{12}O_6 + 12H_2O + 16ADP + 16Pi + 2NAD^+ \longrightarrow 4CH_3CH_2CH_2COO^- + 2CH_3COO^- +$$
$$18H^+ + 10HCO^{3-} + 2NADH + 10H_2 + 16 ATP \tag{1.4}$$

$$\Delta G_0 = -252.3 \text{ kJ/mol 葡萄糖}（pH = 7, T = 298.15 \text{ K}）$$

2. 丙酸型发酵(Propionic acid-type fermentation)

有机含氮化合物(如酵母膏、蛋白胨、肉膏等)的厌氧发酵代谢常出现丙酸型发酵。然而,同丁酸型发酵相比较,丙酸型发酵的还原能力比较强,并且有利于 NAD H + H$^+$ 的氧化作用。一般来说,丙酸型发酵的特点是生物气体的产生量比较少,有的时候甚至没有任何气体的产生,主要末端发酵产物为丙酸和乙酸等。

丙酸的产生并非由丙酸杆菌属(*Propionibacterium*)经乙酰 CoA 途径,而是由丙酮酸直接发酵产生,这一过程部分地参与 TCA 循环机制。丙酸型发酵是没有 H$_2$ 产生的,这是因为丙酸杆菌属的菌种没有氢化酶。在丙酸型发酵代谢过程中,可以使产乙酸过程中而释放的多余的 NAD H + H$^+$ 与产生丙酸代谢偶联而得以再次被氧化,丙酸和乙酸产量理论比值是 1,反应方程式为

$$C_6H_{12}O_6 + H_2O + 3ADP \longrightarrow CH_3COO^- + CH_3CH_2COO^- + HCO^{3-} + 3H^+ + H_2 + 3ATP \tag{1.5}$$

$$\Delta G_0 = -286.6 \text{ kJ/mol 葡萄糖}（pH = 7, T = 298.15 \text{ K}）$$

3. 乙醇型发酵(Ethanol type fermentation)

乙醇发酵和乙醇型发酵是完全不同的概念。在传统的生物化学代谢方式中,乙醇发酵是由酵母菌属的酵母菌等微生物将糖类物质经 EMP 或 ED 途径生成丙酮酸,丙酮酸再经乙醛转化成乙醇。这一过程仅有乙醇和 CO$_2$ 的产生,没有 H$_2$ 的产生。

任南琪院士等对产酸发酵生物反应器内进行生物相的观察,并没有发现真菌——酵母菌的存在,也未见运动发酵单孢菌属的菌种的出现。发酵试验中发现了一定比例的 H$_2$,而这一发现并不是酵母菌的乙醇发酵。任南琪院士称之为乙醇型发酵。从发酵过程的稳定性考察,乙醇型发酵仍不失为一种厌氧发酵的新发现的代谢途径,故命名为"乙醇型发酵"而不是"乙醇发酵"。

然而,由于混合培养生物制氢反应器内微生物成分复杂,很难确定系统内的微生物呈现何种发酵。由运行参数的控制所决定何种微生物种群表现出优势种群,从微生物生态学的角度,发酵类型与系统内生态位有直接关系。

1.5.3 生物强化技术的应用现状

1. 生物强化技术在废水处理中的应用

生物强化技术是指在废水处理中添加目标微生物试图提高系统的污染物处理效果,是未来废水生物处理的一个重要方法。从现有的研究资料上看,生物强化技术已经在很多方面显示出了它的优越性,生物强化技术已经广泛地应用于废水处理的诸多领域,它的作用主要表现在以下几个方面。

(1)目标污染物的降解作用得到加强。

生物强化作用需要向废水处理系统的活性污泥中投加高效工程微生物,目的是增加生物处理系统的特定细菌的种群数量和改善种群结构以期增强发挥效能。Kennedy 等的研究发现,利用生物强化技术处理对氯酚(4 - CP)废水,能够在 9 h 内使对氯酚的去除率达到 96%,而未强化的系统在 58 h 后对氯酚的去除率才达到 57%。徐向阳等研究了染化废水的生物强化技术,脱色率得到显著提高,苯胺去除率也获得提高。罗国维等在厌氧池中投入高效菌种后,出水的色度去除率达到 70% ~ 90%,软油及其他表面活性剂的去除率为 80% ~ 90%,克服了该废水处理过程中泡沫横飞的弊病。

Chin 等固定化生物床中加入降解苯、甲苯和二甲苯的优势混合细菌,当 HRT 为 1.9 h 时,生物强化系统能去除 10 mg/L 的 BTX。含氨化工废水的两步强化处理法(可降解硝基苯的菌和铵根离子氧化菌)后,NH_4^+ - N 含量大大降低。焦化废水的强化处理效果也好。

(2)BOD,COD 去除率得到提高。

生物强化技术对 BOD,COD 去除率都有显著提高,Chambers 等强化处理牛奶废水在延时曝气、曝气塘和氧化沟 3 种系统,强化处理的 BOD,COD 去除率效果都好。Saravance 等强化处理含头孢氨废水 COD 去除率可达 88.5%。

(3)污泥活性得到提高和减少剩余污泥。

生物强化能够消除污泥膨胀现象,防止污泥流失。改善了出水水质,排放和消化剩余污泥的工作也得到改善。Hung 等发现投加强化系统的污染物去除率比活性污泥提高了 1/5,污泥减少 1/3。Hung 等强化处理城市废水,污泥床层由 2.3 ~ 2.7 m 下降至 0.7 ~ 1 m。

(4)反应器启动加快和耐冲击负荷加强。

投加相当数量的工程细菌,可加快启动所耗时间,达到较好的处理效果,耐冲击负荷和稳定性增强。

Belia 等强化处理含磷废水启动过程仅需 14 d,普通的驯化活性污泥则需 58 d。Watanabe 等强化处理 3 个活性污泥系统来降解酚仅需 2 ~ 3 d 的启动时间,普通活性污泥法需 10 d。Guio 等强化处理酚类化合物废水需要 36 d 后,对照系统却需要 171 d。全向春等的强化氯酚降解菌强化治理氯酚废水仅需 4 d 完成启动,对照系统需要 9 d。Soda 等强化处理含苯酚废水效果也好。

生物强化技术在废水处理中的应用见表 1.4。

表 1.4 生物强化技术在废水处理中的应用

废水类型	运行系统种类	效果	参考文献序号
牛奶废水	曝气塘、氧化沟	提高 COD 去除率,防止污泥膨胀	101
马铃薯废水	连续式活性污泥	提高 COD 去除率	111
	间歇式活性污泥	提高 TOC 去除率,减少污泥产生	112

续表1.4

废水类型	运行系统种类	效果	参考文献序号
苯酚废水	SBR 非稳态	提高 COD 去除率	113
	SBR 稳态	加速系统启动	104
		耐冲击负荷能力增强	107
3－氯苯甲酸脂废水	SBR	加速系统启动	114
氯酚废水	恒化器	提高降解效果	85
染化废水	厌氧反应器	提高脱色效果	86
染整和砂洗废水	不完全厌氧－好氧	提高脱色效果,减少泡沫	47
含磷废水	SBR	提高污泥抗负荷冲击能力	63
		加速系统启动	108
焦化废水	间歇式活性污泥	降解能力增强	70
化工厂含氨废水	普通活性污泥法	脱氨率提高	69
菠萝加工废水	间歇式活性污泥	提高 TOC 去除率	115
五氯酚废水	UASB	提高降解效果	116
BTX 废水	升流式附着床	提高 BTX 去除率	22
城市废水	氧化塘	降低污泥床层	109
制药废水	升流式厌氧污泥床	提高 COD 去除率	117
含表面活性剂废水	活性污泥法	提高活性剂去除率	118
洗衣及厨房废水	滴滤池	降低油脂	119

(5)问题反应系统的快速恢复。

反应器的运行出现失败和问题时,投加菌种能够快速恢复系统,这是生物强化技术最早应用的方式。Koe 等发现废水处理系统的运行状况不佳或失败时,强化作用能够帮助恢复。Vartak 等在低温和低负荷条件下的奶牛粪便废水厌氧消化过程的生物强化工艺,能够显著地提高甲烷产量。Quasim 发现强化作用对污泥生长量影响巨大(表 1.5)。

表 1.5 生物强化处理工艺实例

废水处理	解决对象	处理方案	应用结果
Mobay	生物量减少	投加突变菌	恢复
Sturgeon	甲醛外泄	投加突变菌	甲醛减少
Citizens Utility	臭味	投加细菌	臭味消除
Arvada	臭味	投加细菌	臭味消除

2. 生物强化技术在其他领域的应用

生物强化技术广泛应用于土壤的生物修复,投加工程菌使土壤中引入能够消除污染物的微生物(纯菌株或混合菌株),已成为一种简单、有效且价格合理的处理方法。韩立平等对受到喹啉污染的土壤进行了生物修复研究。Lestan 等利用真菌进行生物强化处理受到五氯酚(PCP)污染的土壤,取得较好的效果。生物强化技术在受污染的地表水和地下水处理上也有较多的应用。Ro 等在处理受 I - 萘胺污染的地下水、Ellis 等在处理受三氯乙烯(TCE)污染的地下水、赵荫薇等在对石油污染的地下水处理时均采用了生物强化技术,并都在处理效果上表现出了不同程度的增强。

综上所述,生物强化技术在诸多的研究领域得到了普遍使用。Bouchez 等在硝化反应器的生物强化处理使系统运行失败。Wilderer 等强化处理 3 - 氯苯甲酸脂废水没有改善系统。Lange 等认为系统内土著菌经过驯化后也能达到与增强菌的相同效果。Gaisek 等和 Koe 等认为生物强化处理系统与对照系统的处理效果无异。生物强化作用主要应用在去除有毒、有害物质和难降解物质方面,从活性污泥中分离培养高效产氢工程菌投加到生物制氢反应器中,提高系统的产氢能力。

1.5.4　利用不同基质进行生物产氢的探索

对于厌氧发酵生物制氢所采用的发酵基质,大多是成分单一的底物。例如,Yokoi 等采用 HO - 39 菌株作为发酵制氢菌种,分别利用蔗糖、葡萄糖、果糖、半乳糖、纤维素甘露糖、麦芽糖、糊精和淀粉等作为发酵制氢底物,结果表明,麦芽糖和葡萄糖为适宜的产氢底物,而利用淀粉和纤维素等多聚物则产氢效率较低。另外,Taguchi 等利用巴氏梭菌 CN43A 在多种单质化合物的产氢性方面进行了对比试验,包括阿拉伯糖、纤维二糖、果糖、半乳糖、葡萄糖、淀粉、蔗糖、木糖等,发现蔗糖产氢效果比较好。Roychowdhury 等对甘蔗汁、玉米浆和糖化秸秆的制氢显示混合培养污泥比两株纯菌 *E. coli* 和 *Citrobacter* spp. 获得更高的氢气产量。利用废水和废物进行生物制氢研究结果见表 1.6。Yu 等研究了混合菌种的连续流培养。

表 1.6　利用废水和废物制取氢气的实例

废水、废物种类	细菌种类	培养方式	细菌
豆制品废水	*Rhodobacter sphaeroide* RV	间歇培养	固定化处理
制糖废水	*Rhodobacter sphaeroide* O. U. 001	间歇培养	未固定化处理
酒厂废水	*Rhodobacter sphaeroide* O. U. 001	间歇培养	固定化处理
甘蔗废水	*Rhodopseudomonas* sp.	间歇培养	固定化处理
乳清废水	*Rhodopseudomonas* sp.	间歇培养	固定化处理
淀粉废水	*Rhodopseudomonas* sp.	间歇培养	未固定化处理
制糖废水	*Rhodospirillum ruburm*	间歇培养	未固定化处理
糖蜜废水	*Enterobacter aerogenes* E. 82005	连续培养	未固定化处理
食品废水	*Clostridium butyricum* NCIB9576	间歇培养	固定化处理
	Rhodopseudomonas sphaeriodes E15 - 1	连续培养	—

续表 1.6

废水、废物种类	细菌种类	培养方式	细菌
牛奶废水	*Rhodobacter sphaeroide* O. U. 001	间歇培养	—
米酒废水	厌氧污泥(混合菌群)	连续培养	未固定化处理
淀粉制造废物	*Clostridium butyricum*	间歇培养	未固定化处理
	Enterobacter aerogenes HO – 39	间歇培养	未固定化处理
有机废物	厌氧污泥(混合菌群)	间歇培养	未固定化处理
城市垃圾	厌氧污泥和 *Clostridium* 属	间歇培养	未固定化处理
城市固定垃圾	*Rhodobacter sphaeroide* RV	间歇培养	未固定化处理

1.6　厌氧发酵生物制氢产氢微生物的生长方式

根据产氢微生物在反应器内的生长方式不同,厌氧发酵生物制氢可以分为悬浮生长发酵制氢系统和附着生长发酵制氢系统。

1.6.1　悬浮生长发酵制氢系统

在厌氧发酵生物制氢中,利用悬浮生长发酵制氢的反应器主要是连续流搅拌槽式反应器(Continuous Stirred Tank Reactor, CSTR)。在 CSTR 反应器中,微生物与有机底物在搅拌机的作用下均匀混合,微生物悬浮生长在 CSTR 反应器内。由于 CSTR 反应器的运行模式和特有的结构,反应器在面临高负荷冲击或者低水力停留时间(HRT)条件下运行时,反应器内的生物量会随着出水而流失严重,这就导致了悬浮生长发酵制氢系统在高负荷或者低HRT 条件下运行时,系统的产氢效率是相对较低的。

1.6.2　附着生长发酵制氢系统

微生物附着生长发酵制氢系统,主要是指微生物附着在系统中固相载体生物膜上的生长系统,基质和其他营养物质只能通过传质机理才能到达生物膜内部的一种生长模式。附着生长发酵制氢系统最显著的特点就是微生物附着于固相载体表面生长,这就意味着系统内的电子受体、电子供体和所有其他营养物质必须通过扩散或者其他的传质作用才能到达生物膜内。

利用微生物附着生长发酵制氢系统用以污水处理已经广泛应用到各式生物反应器中,如流化床反应器(Fluidized bed reactors)、载体诱导颗粒污泥床(Carrier induced granular sludge beds)和升流式厌氧污泥床(Up-flow anaerobic sludge beds)。然而,采用附着生长发酵制氢系统厌氧发酵生物制氢的研究近些年才逐渐引起重视。

1.7　本课题的研究目的、意义与内容

1.7.1　课题来源

本课题获得了国家高技术研究发展计划(863)项目(No. 2006AA05Z109),上海市教育委员会科研项目(07ZZ156),上海市重点科技攻关项目(No. 071605122),东北林业大学优秀博士学位论文培育计划(GRAP09)和中央高校基本科研业务费专项资金项目(DL09AB06)基金资助。

1.7.2　本课题的研究目的和意义

近年来,随着传统化石能源的逐渐枯竭,世界各国对可替代能源的研究兴趣日益增加。微生物具有转化生物质(包括废物废水)为有价值的液体或者气相物质的潜能。乙醇既可作为汽油燃料的补充以用作运输,又可作为生物制取柴油的底物。因此,生物质原料转化为生物乙醇和(或)生物柴油成为当今生物能源技术的研究热点。

发酵法生物制氢技术研究始于 20 世纪 90 年代,目前,随着世界各国对氢能研究和开发的日益重视,该技术再次成为研究热点之一。任南琪院士率先利用活性污泥生产氢气,以有机废水为原料,实现了连续发酵生物制氢。该技术开创了利用廉价的非固定化菌种生物制氢的新途径。经过前期大量的研究和开发,发酵法生物制氢技术已经取得了一些有重要价值的研究成果。乙醇型产氢发酵的发现和高效产氢细菌的分离,为该技术的工业化奠定了基础。然而,在实现发酵法生物制氢技术工业化的进程中,仍然存在许多亟待解决的关键性问题。由于该技术采用的是活性污泥接种物,因此,微生物群落对系统的产氢效能有着重要的影响。运行条件、降解底物和活性污泥的驯化等因素对微生物群落结构和产氢种群形成的影响十分复杂,同时,微生物群落的演替方向缺乏可预见性,在实际工业化规模运行中,必须对系统的特性进行快速、准确的预测和评估,否则将造成巨大的经济损失。

提高系统的产氢效率和运行稳定性,降低生产成本是生物制氢技术实现工业化的根本问题。由于产氢工业化过程中可能会利用不同来源的污泥接种物和底物,因此,迅速完成反应器的启动并实现稳定运行,增加运行的可预见性和成功率意义重大。在厌氧发酵生物制氢的过程中,一些因素(如温度、pH 和水力停留时间等)的变化会对系统的产氢效能起着至关重要的作用。因此,为了探讨厌氧发酵制氢系统的产氢效能,首先采用间歇和连续流方式,考察了直接可控影响因素——温度和水力停留时间对厌氧发酵生物系统产氢效能的影响,为后续研究提供基础。

厌氧发酵生物制氢技术是通过厌氧产酸相菌群利用有机废物或有机废水作为发酵底物厌氧发酵制取氢气,厌氧产酸发酵菌群具有不同的发酵特征和产氢能力。厌氧发酵产氢效能通常是由一些生态环境因子决定的,如 pH、氧化还原电位(ORP)和温度等。生态环境因子的变化将导致微生物形成不同的代谢菌群,因而导致不同的发酵产氢量。另外,悬浮

生长发酵系统是常用的厌氧发酵生物制氢工艺,然而悬浮生长发酵系统在低水力停留时间条件下,容易形成污泥流失现象,并需要污泥回流以保证反应器内有足够的产氢微生物。固定化细胞系统已经被成功地应用于各种生物反应器用于污水处理,如流化床反应器、载体诱导颗粒污泥床和升流式厌氧污泥床等。同样有采用琼脂凝胶或 PVA 海藻酸钠薄膜作为固定化载体,采用纯培养连续流方式,厌氧发酵制氢。相比之下,关于固定化污泥厌氧发酵生物制氢的研究相对较少。因此,本书探讨了利用新型的连续流混合固定化污泥反应器 (Continuous Mixed Immobilized Sludge Reactor, CMISR)厌氧发酵生物制氢的可行性。同时考察了有机负荷(OLR)对 CMISR 反应器产氢效能的影响。期望本研究能够为未来生物制氢反应器的设计提供基本的理论和技术帮助。

1.7.3　主要研究内容

本研究以提高厌氧发酵生物制氢反应器的产氢效能和开发新型、高效生物制氢反应器为目标,利用悬浮生长、附着生长和连续流混合固定污泥 3 种不同类型的反应器,系统地研究了复合生物制氢工艺的建立及其高效稳定运行,主要研究内容如下:

(1)采用间歇和连续流方式,分别考察了厌氧发酵生物制氢直接可控因子——温度和水力停留时间对产氢系统的影响。

(2)悬浮生长发酵制氢系统和附着生长发酵制氢系统的建立与稳定运行。分别研究了有机负荷的变化对悬浮生长系统、附着生长系统产氢速率和产乙醇速率的影响,并以氢气和乙醇燃烧热量值为基础,分别计算出悬浮生长系统和附着生长系统的产能效能。

(3)建立一种新型生物制氢反应器——连续流混合固定化污泥反应器,研究了 CMISR 反应器的运行特性及产氢效能,并探讨了有机负荷的变化对反应器产氢效能的影响。

第2章 试验装置与方法

2.1 试验装置

2.1.1 连续流混合培养悬浮生长和附着生长试验装置

悬浮生长系统和附着生长系统所采用的连续流试验装置如图 2.1 所示,其中的主体设备生物制氢反应器为任南琪院士前期研究研制的国家发明专利产品(ZL92114474.1),属于连续流搅拌槽式反应器(CSTR),为反应区与沉淀区一体化结构,反应器由有机玻璃制成,总容积为 17 L,其中反应区的有效容积为 9.6 L。反应器内部有三相分离器,使气、液、固三相很好地分离,更有利于气体的传质与释放。采用计量泵将原水从进水箱泵入反应器内,通过计量泵的流量以保证系统进水恒定。整个反应器采用外缠电热丝加热方式,将温度控制在 35 ℃。

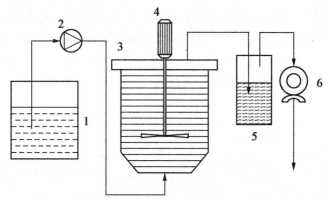

图 2.1 连续流混合培养悬浮生长和附着生长试验装置
1—进水箱;2—恒流泵;3—CSTR 反应器;4—搅拌器;5—水封;6—湿式气体流量计

2.1.2 连续流混合固定化污泥试验装置

连续流混合固定化污泥试验装置如图 2.2 所示。此处采用的连续流混合固定化污泥(CMISR)反应器容积为 17 L,其中有效容积为 9.6 L。CMISR 反应器初始填充活性炭作为细胞固定载体,反应器容积(L)同活性炭载体质量(g)的添加比例为 1:200。采用好氧预处理污泥作为种泥接种到 CMISR 反应器,运行 24 h 用以生物挂膜,挂膜期间水力停留时间为 6 h。观察发现,在 CMISR 反应器中,经 24 h 挂膜驯化后,好氧预处理污泥能够固定活性炭上生长并形成颗粒污泥。活性炭经过筛以保持直径为 1.5 ~ 2 mm。颗粒的主要物理特性由供应商提供,具体如下:载体密度为 1 420 g/L,载体表面积为 1 200 ~ 1 350 m²/g,体积密度为

450~500 g/L（海南文昌邱迟浩田活性炭有限公司）。

CMISR 反应器采用连续流运行模式，通过可变速搅拌器搅拌以保持反应器内部完全混合。进水流量通过进水恒量泵调控并保持反应器水力停留时间为 6 h。通过电热套自动加热以保证反应器温度为 35 ℃。利用反应器上部排气孔收集发酵气体并通过湿式气体流量计计量产气量。

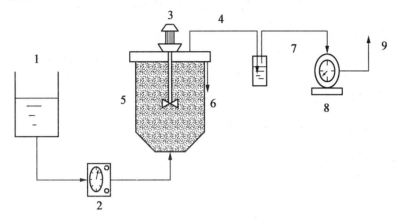

图 2.2 连续流混合固定化污泥试验装置

1—废水罐;2—恒流泵;3—搅拌器;4—生物器;5—CMISR 反应器;

6—出水;7—水封;8—湿式气体流量计;9—气体收集

2.1.3 间歇培养试验装置

采用间歇培养试验进行温度变化对产氢微生物的影响及发酵细菌的产氢效能和人工调控产氢行为的试验。如图 2.3 所示为间歇培养试验装置，反应器为 100 mL 的封口瓶。采用高温、高压灭菌以保证反应系统的无菌性和厌氧环境。产氢发酵细菌在接种和培养之前，先用高纯氮（体积分数为 99.99%）吹脱 30 min 驱除培养瓶中的气相和液相中的氧，并采用煮沸吹脱方式进一步消除液相中的氧，厌氧指示剂为刃天青（质量分数为 0.02%），培养液中刃天青的颜色由红青色变为无色表明系统已处于厌氧状态。通过恒温气浴控制培养瓶的温度，振荡培养，转速为 120 r/min。通过气体计量器收集反应系统所产生的气体，并测试发酵气体中氢气的含量。

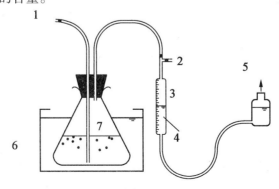

图 2.3 间歇培养试验装置

1—进水口;2—发酵气体取样;3—发酵气体计量;4—NaHCO₃ 瓶;5—发酵气体排放;6—空气浴;7—反应瓶

2.2　试验方法

2.2.1　悬浮生长系统和 CMISR 反应器接种污泥预处理

接种污泥为生活污水排放沟底泥,经过滤、沉淀、淘洗,用制糖废水间歇好氧培养 2 周后,观察污泥的颜色逐渐由灰色变为黄褐色,并形成沉降性能良好的絮状污泥。经显微镜观察生物相,污泥生物种类十分丰富,以球菌、杆菌、链球菌以及多种原生和后生菌群为主,适于污泥接种反应器。

2.2.2　附着生长系统接种污泥预处理

生物制氢反应器接种污泥的制备、培养方法同上。加入优选后粒径小于 2 mm、体积质量为 1.54 g/cm³ 的颗粒活性炭,进行好氧预挂膜,迅速形成膜基,使微生物在载体内部及外表面附着、生长,1 d 后接种至反应器。经显微镜观察生物相,污泥生物种类十分丰富。接种污泥的 VSS 为 17.74 g/L,污泥活性为 63.72%,采用连续流方式运行,HRT 为 6 h。

2.2.3　试验废水

本试验采用的有机废水为甜菜制糖厂的废糖蜜加水稀释而成,糖蜜废水的理化性质见表 2.1。为保证污泥在生长过程中对 N,P 营养元素的需求,配制废水时投加一定量的农用复合肥,使废水中的 COD:N:P 保持在 1 000:5:1 左右。

表 2.1　试验中糖蜜废水的理化性质

成分	质量分数/%	成分	质量分数/%
干物质	78～85	SiO_2	0.1～0.5
总糖	48～58	K_2O	2.2～4.5
TOC	28～34	P_2O_5	0.02～0.07
TKN	0.2～2.8	MgO	0.01～0.1
Al_2O_3	0.05～0.06	Fe_2O_3	0.001～0.02
CaO	0.15～0.8	灰分	4～8

2.2.4　培养基

1.分离培养基

间歇试验培养基采用林明 LM－1 培养基,配方介绍如下:葡萄糖 20 g/L;胰蛋白胨 4 g/L;牛肉膏 2.0 g/L;酵母汁 1.0 g/L;NaCl 4 g/L;L－半胱氨酸 0.5 g/L;K_2HPO_4 1 g/L;$MgCl_2$ 0.1 g/L;$FeSO_4 \cdot 7H_2O$ 0.1 g/L;发酵液 10 mL;对氨基苯甲酸 0.01 g/L;刃天青(质量分数为 0.2%)1～2 mL;维生素液 10 mL;微量元素液[$ZnSO_4 \cdot 7H_2O$ 0.07 g/L,AlK(SO_4)$_2$

0.02 g/L,$CaCl_2$ · $2H_2O$ 0.02 g/L, N(CH_2COOH)$_3$ 3.5 g/L,Na_2MoO_4 0.02 g/L,H_3BO_3 0.02 g/L,$CoCl_2$ · $6H_2O$ 0.4 g/L,$MnSO_4$ · $7H_2O$ 0.02 g/L]15 mL;pH = 4～4.3;固体培养基为液体培养基加 20.0 g 琼脂。

2. 保存培养基

繁殖保存培养产氢菌的培养基采用改良的 HPB～LR 培养基,培养基成分如下:葡萄糖 20.0 g/L;胰蛋白胨 1.0 g/L;酵母汁 1.0 g/L;NaCl 3.0 g/L;K_2HPO_4 1.0 g/L;牛肉膏 2.0 g/L;L – 半胱氨酸 0.5 g/L;蛋白胨 3.0 g/L;维生素液与微量元素($NiCl_2$ · $6H_2O$ 0.001 g/L,叶酸 0.01 g/L,$CaCl_2$ · $2H_2O$ 0.01 g/L,$ZnCl_2$ 0.02 g/L,抗坏血酸 0.025 g/L) 10 mL;刃天青(质量分数为 0.2%)1 mL;pH = 4.0～4.5。

2.3　试验分析项目及方法

2.3.1　主要分析项目及方法

本试验的主要分析项目及方法见表 2.2,具体的分析方法参见文献[51,52]。

表 2.2　试验主要分析项目及方法

试验主要分析项目	试验分析方法及设备	分析频率
氧化还原电位(ORP)	pH – 3C 型实验室 pH 计	定期
进出水 pH	pHS – 25 型酸度计	每天
进出水 COD	重铬酸钾法 雷磁 COD – 450 化学需氧量(COD)测定仪	每天
液相末端发酵产物	GC122 型气相色谱仪	每天
发酵气体组分及含量	SC – II 型气相色谱仪	每天

2.3.2　其他分析项目及方法

1. 液相末端发酵产物组分及含量的测定

采用 GC122 型气相色谱仪测定液相末端发酵产物(VFAs)组分及含量,不锈钢色谱填充柱长 2.5 m,内装质量分数为 2% H_3PO_4 处理过的 GDX – 105 担体(50～70 目),氢火焰离子检测器(FID),氮气作为载气,流速为 40 mL/min。柱温为 190 ℃,气化室温度为 210 ℃,检测室温度为 210 ℃。

样品测定前的预处理:取 5 mL 经离心或普通定性滤纸过滤后的水样,加入 H_2SO_4 1～2滴或 6 mol/L HCl 进行酯化处理,取 2 μL 上清液进样测定。

2. 生物量的测定

生物量的测定是通过测定微生物细胞中蛋白质含量来反映细胞物质的量。以蛋白质含氮量为 16%,细菌中蛋白质含量占细菌干物重的 65% 计量,按凯氏定氮法测定总氮量。

　　精确称取 25 mL 污泥样品,洗涤去除无机杂质后,移入 500 mL 凯氏烧瓶内,加 10 g 结晶硫酸钾,1 g 硫酸铜,并小心加入浓硫酸 25 mL。斜放烧瓶,温和地加热。待泡沫消失后,适当加大火力,消化至液体清亮后继续加热 1 h。使冷却,将 500 mL 凯氏烧瓶连接到蒸馏系统,其馏液出口管插入盛有 25 mL 硼酸吸收液的锥形瓶中。用少量无氨水稀释消化液,加入防暴沸粒状物,再加入 1.5 g 锌粒,并加入 80 mL 质量分数为 150% 氢氧化钠溶液。蒸馏 1～1.5 h(整个蒸馏过程中的馏出液必须保持冷却)。馏出液用 0.1 N(当量)标准盐酸溶液滴定,滴定至溶液呈灰色,过量一滴(约 0.02 mL)溶液呈粉红色。同时做一试剂总氮按下列计算:

$$总氮含量(g/L) = N(V_1 - V) \times 0.014/W \times 100$$

式中　　N——盐酸标准溶液的当量浓度;

　　　　V_1——样液滴定消耗的盐酸标准溶液的量,mL;

　　　　W——样品体积,mL;

　　　　0.014——氮的毫克当量。

　　蛋白质质量按下式换算:

$$蛋白质含量 = 总氮(g/L) \times K$$

式中　　K——换算系数,等于 6.25。

　　生物量按下式推算:

$$生物量 \approx 蛋白质含量(g/L) \times 1.54$$

3. 发酵气体组分及含量的测定

　　发酵气体产物组分及含量采用上海分析仪器厂 SC - Ⅱ 型气相色谱仪分析测定,配备热导检测器(TCD),不锈钢色谱填充柱长 2.5 m,内装担体 Porapak Q(50～70 目),进样口温度为 80 ℃,检测器温度为 80 ℃,柱箱温度为 140 ℃。采用氮气为载气,流速为 40 mL/min,进样量为 500 μL。氢气的体积分数的标准曲线如图 2.4 所示。

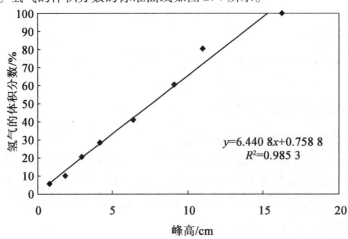

图 2.4　测量发酵气体中氢气的体积分数的标准曲线

第3章 连续流悬浮生长系统制氢工艺的建立与运行

3.1 厌氧发酵制氢关键直接可控影响因素

在厌氧发酵生物制氢的过程中,一些因素(如温度、pH 和水力停留时间等)的变化会对系统的产氢效能起着至关重要的作用。因此,为了探讨厌氧发酵制氢系统的产氢效能,在下面叙述中,首先采用间歇和连续流方式,考察了直接可控影响因素——温度和水力停留时间对厌氧发酵生物系统产氢效能的影响,为后续研究提供基础。

3.1.1 温度

温度是影响微生物生存及生物化学反应最重要的因素之一。温度不仅对微生物的生存及筛选竞争有着显著的影响,而且对生化反应速度的影响也极为明显。

利用间歇试验,考察了温度对氢气产率和产氢量的影响(图3.1)。当温度在 30 ~ 35 ℃范围内变化时,氢气产率和产氢量随着温度的提高而增加,并在温度为 35 ℃时,分别得到最大氢气产率(5.74 L/(h·L))和产氢量(2.66 mol/mol)。然而,当温度继续提高时,氢气产率和产氢量出现明显的下降趋势。由此可以看出,过高的温度会抑制产氢菌群的活性,因此温度控制在 35 ℃左右时,厌氧发酵生物制氢系统内微生物的产氢代谢活性最高。

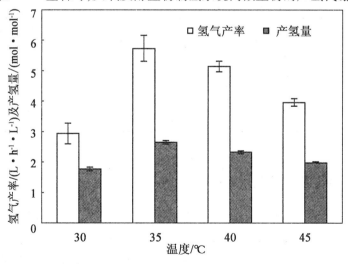

图 3.1　温度对氢气产率和产氢量的影响

如图 3.2 所示为温度对生物量的影响。当温度从 30 ℃提高到 35 ℃时,生物量随着温度的提高而增加;然而当温度进一步从 35 ℃增加到 45 ℃时,生物量开始下降。当温度为

35 ℃时,最大生物量为 16 g/L。这也部分说明了当温度为 35 ℃时,产氢量较高。因此,可以认定当温度为 35 ℃时,微生物自身合成代谢活性较高。

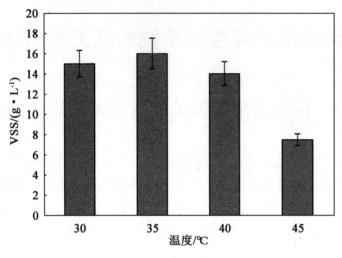

图 3.2　温度对生物量的影响

温度对液相末端发酵产物组分及含量的影响见表 3.1。研究结果表明,在温度由 30 ℃升高到 35 ℃时,各液相末端发酵产物产量都有所增加;然而,当温度进一步增加到 45 ℃时,各液相末端发酵产物产量都有所下降。这可能是由于温度为 35 ℃时,系统内微生物代谢活性较高,可以较好地利用有机底物转化成各种液相末端发酵产物,然而温度过高抑制了微生物的代谢活性,各液相末端发酵产物的产量都有所下降。

表 3.1　温度对液相末端发酵产物组分及含量的影响

温度/℃	乙醇/(mmol · L⁻¹)	乙酸/(mmol · L⁻¹)	丙酸/(mmol · L⁻¹)	丁酸/(mmol · L⁻¹)
30	7.25	16	1.85	9.4
35	20.2	40.7	3.4	13.2
40	12.6	39.2	2.7	12.5
45	9.3	19.8	2.6	10.1

3.1.2　水力停留时间(HRT)

利用悬浮生长系统厌氧发酵生物制氢,通常会对一些环境因子的改变非常敏感(如 pH 或 HRT)。另外,悬浮生长制氢系统在高负荷或低 HRT 条件下运行,会遇到系统内生物量随出水流失的现象,从而导致系统产氢效率下降。因此,保持适宜的 HRT 对厌氧发酵制氢系统的高效稳定运行起着非常重要的作用。

如图 3.3 所示为 HRT 对悬浮生长制氢系统氢气产率的影响。从图中可以看出,当 HRT 从 12 h 逐步减少到 6 h 时,系统的氢气产率由 1.3 L/(h · L)上升到 3.2 L/(h · L)。然而,当 HRT 进一步减少到 4 h 时,系统的氢气产率下降到 1.95 L/(h·L)。由于此时系统进水 COD 质量浓度保持 4 000 mg/L 不变,因此,HRT 的降低意味着系统负荷的增加。通常来说,如果厌氧发酵生物制氢反应器内的产氢微生物菌群能够抵挡住由于 HRT 的降低而引起的负荷冲击的话,那么系统的氢气产率会随着 HRT 的下降而增加。然而,当 HRT 进一步减少到4 h时,系统内生物量由于 HRT 过低而大量流失(图 3.4)。适度降低 HRT 可以增加系统的氢气产率,然而当 HRT 过低时会导致系统生物量的大量流失,从而降低系统的产氢能力,因此当 HRT 为 6 h 时,悬浮生长制氢系统的氢气产率最大。

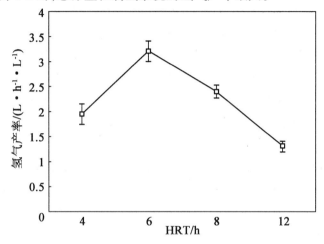

图 3.3　HRT 对悬浮生长制氢系统氢气产率的影响

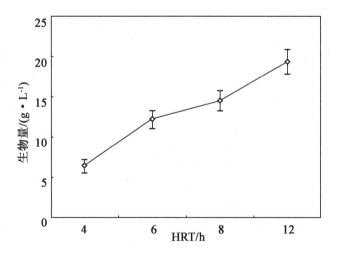

图 3.4　HRT 对悬浮生长制氢系统生物量的影响

3.2　连续流悬浮生长制氢工艺的建立

3.2.1　连续流悬浮生长制氢系统启动过程中产气量和产氢量的变化情况

产气量和产氢量通常被认为是评价发酵制氢过程效率的重要因子。如图 3.5 所示为连续流悬浮生长制氢系统启动过程中,系统产气量和产氢量的变化情况。系统氢气产率的差异主要是由于微生物菌群结构不同及进水 COD 质量浓度变化造成的。由于接种的好氧曝气预处理污泥需要一定时间的驯化以适应反应器内部厌氧环境,因此反应器在启动初期的产气量和产氢量都相对较低。检测反应器上部空间发现,在反应器启动前 4 d 并没有氢气产生。反应器启动到第 5 d 时,产气量和产氢量分别为 2.85 m³/(m³·d) 和 0.92 m³/(m³·d),随后产气量和产氢量逐步下降到第 15 d 分别为 0.085 m³/(m³·d) 和 0.029 m³/(m³·d)。如图 3.5 所示,反应器运行 30 d 后产氢量达到相对稳定,此时,反应器内产气量和 COD 去除率也同时达到相对稳定。最终系统产气量稳定在 3.03 ~ 3.45 m³/(m³·d),相应氢气的体积分数和产氢量分别稳定在 37.5% ~ 44.8% 和 1.03 ~ 1.33 m³/(m³·d)。

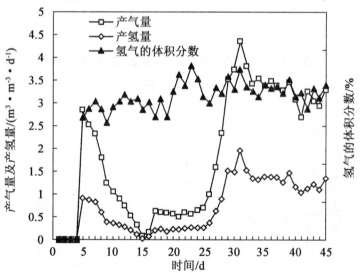

图 3.5　连续流悬浮生长制氢系统启动过程中产气量和产氢量的变化情况

3.2.2　COD 去除率

COD 去除率为

$$\eta = \frac{C_0 - C_1}{C_0} \times 100\%　\qquad (3.1)$$

式中　　η——COD 去除率,%;

　　　　C_0——初始进水 COD 质量浓度,mg/L;

C_1——反应器出水 COD 质量浓度,mg/L。

COD 去除率同样被认为是厌氧发酵制氢过程中反应器运行效率的重要指标之一。在生物制氢反应器中,有机底物被微生物消耗产生氢气。因此,本章同时考察了在生物制氢反应器运行过程中,系统 COD 的去除效率(图 3.6)。在反应器启动初期,由于接种的好氧预处理污泥活性较高以及絮状污泥的吸附作用,COD 去除率较高。反应器启动 1 d 后,进水 COD 质量浓度和出水 COD 质量浓度分别为 4 280.8 mg/L 和 2 529.5 mg/L。由于进水 COD 质量浓度的变化以及微生物逐步适应反应器内部环境,直到反应器启动运行至 35 ~ 45 d 时,系统 COD 逐步稳定在 22% 左右。从图 3.6 可以看出,当进水 COD 质量浓度逐步增加时,伴随着 COD 去除率的提高,产氢量逐渐增加。虽然较高的初始进水 COD 质量浓度有利于提高氢气产量,然而过高的出水 COD 质量浓度将导致微生物量的流失,这是因为较高的进水 COD 质量浓度将产生较多的酸性物质(挥发酸)引起系统内部 pH 的下降,从而抑制微生物的生长及絮凝作用。

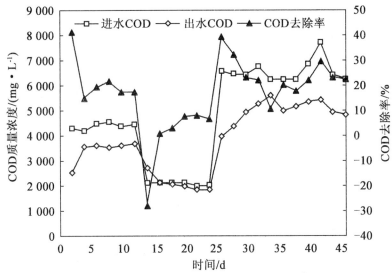

图 3.6　连续流悬浮生长制氢系统启动过程中进、出水 COD 及 COD 去除率的变化情况

3.2.3 液相末端发酵产物

早期的研究表明,pH、ORP、有机负荷等因素可以明显地影响厌氧发酵产氢量。这些因素的变化不仅影响系统的产氢能力,同样可以影响微生物菌群结构和发酵代谢类型。厌氧发酵产氢的同时会产生大量的挥发酸,而挥发酸的成分和含量通常被用作监控产氢效率的重要指标。

图 3.7 描述了在反应器启动运行过程中,液相末端发酵产物的组成及含量的变化情况。当反应器运行到第 25 d 时,液相末端发酵产物产量由初始的 537 mg/L 增加到 1 334 mg/L。随着进水 COD 质量浓度的提高以及微生物对系统内部的逐渐适应,液相末端发酵产物产量逐渐增加并稳定在 2 718 ~ 3 147 mg/L。在反应器启动前 20 d 内,液相末端发酵产物主要为乙醇、乙酸、丙酸和丁酸,含量分别为 360.9 mg/L,333 mg/L,213 mg/L 和 102.3 mg/L,这表明在此启动阶段反应器内部为混合酸发酵代谢类型。在后续的启动运行过程中,乙醇和乙

酸的产量明显增加,而丙酸和戊酸的含量逐步下降。在反应器启动完成阶段,乙醇、乙酸、丙酸、丁酸和戊酸的含量分别稳定在 1 710.6 ~ 1 788 mg/L,707.7 ~ 771.5 mg/L,8.2 ~ 26.9 mg/L,425 ~ 473.5 mg/和 5.2 ~ 39.8 mg/L。其中乙醇和乙酸为 2 556 mg/L 左右,占总液相末端发酵产物的 83% 左右,为典型的乙醇型发酵代谢类型。

任南琪院士等研究表明,乙醇型发酵为两相厌氧产酸发酵的最优选择。同丁酸型发酵和丙酸型发酵相比,乙醇型发酵代谢类型更具优势:①乙醇可作为后续发酵产甲烷的较好的底物;②乙醇型发酵能够得到更多的产氢量;③乙醇型发酵能够在系统 pH 低于 4.5 稳定运行,这样发酵制氢反应器能够保持在较高的有机负荷条件下运行。这将增加产酸相反应器的处理效率,而不是通过添加其他碱性物质来调控反应器内部的 pH。

3.2.4　pH

pH 对发酵产氢系统产氢效率起到关键性作用。pH 不但影响代谢酶活性和发酵途径,而且能进一步改变营养供给和有害底物的毒性作用,尤其是对废水而言。发酵制氢适宜的 pH 是不同的,这主要是由于在不同进水 COD 质量浓度下形成不同的微生物代谢菌群。

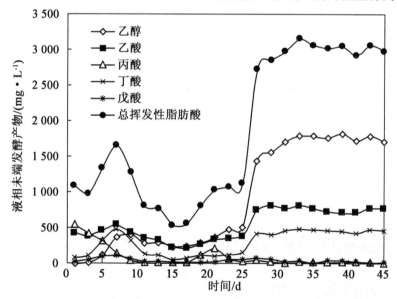

图 3.7　连续流悬浮生长制氢系统启动过程中液相末端发酵产物组分及含量的变化情况

如图 3.8 所示为反应器启动过程中进、出水 pH 的变化情况。进水 pH 从 6.0 到 7.97 之间变化,而出水 pH 在 3.23 到 4.57 之间变化。在出水 pH 低于 4.0 时,可以观察到系统的产氢能力逐步下降。因此,pH = 4.0 通常被认为是厌氧发酵生物制氢的下限值。这一研究结果同任南琪院士的研究结果一致。这表明过低的 pH 抑制了微生物产氢活性。因此,为了保持厌氧发酵制氢系统的产氢效率,系统 pH 应当保持在 4.0 以上。反应器运行到第 35 d 以后,系统 pH 逐步稳定在 4.04 ~ 4.22,这一 pH 范围有利于乙醇型发酵的形成和稳定。

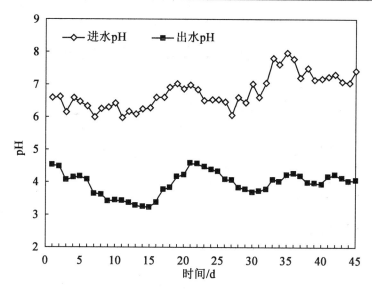

图 3.8 连续流悬浮生长制氢系统启动过程中进、出水 pH 的变化情况

3.2.5 氧化还原电位(ORP)

在厌氧发酵过程中,pH 对于发酵类型以及产氢量都起着至关重要的作用。然而,氧化还原电位同样对发酵类型以及发酵产物有着明显的作用。如图 3.9 所示,在反应器启动初期,ORP 从 -230 mV 逐步下降到 -433 mV,并在第 28 d 稳定在 -397 ~ -430 mV,这一范围 ORP 有利于乙醇型发酵的形成。在厌氧发酵系统中,ORP 通常受到 pH 的影响。然而,由于 CSTR 反应器为连续流运行,并且 pH 始终处于变化状态,因此很难得出明显的 ORP 与 pH 的线性关系。

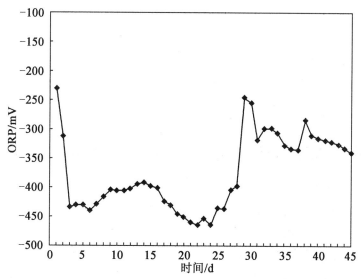

图 3.9 连续流悬浮生长制氢系统启动过程中 ORP 的变化情况

3.3　厌氧发酵制取氢气和乙醇

到目前为止,关于厌氧发酵制氢的研究多集中在如何提高系统产氢效率的研究,如搅拌速率、pH、氮源等对产氢效率的影响。然而,关于发酵制氢的同时如何保持相对较高的乙醇产量的研究较少。因此,在本节研究中,利用糖蜜废水为唯一碳源,考察了 CSTR 反应器中有机负荷对产氢速率及产乙醇速率的影响。本节的研究目的是建立新型发酵技术生产两个最关键的生物能源产品——氢气和乙醇。

3.3.1　产氢和产乙醇

在 CSTR 反应器中,氢气和乙醇产率见表3.2。无论在任何 OLR 条件下,氢气产率都会随着 OLR 的增加而提高,并在 OLR 达到最大 24 kg/(m³·d)时得到最大氢气产率为 12.4 mmol/(h·L)。当 OLR 为 24 kg/(m³·d)时,同样得到最大乙醇产率为 20.27 mmol/(h·L)。然而,当 OLR 进一步增加到 32 kg/(m³·d)时,氢气和乙醇产率开始下降。由此可以看出,较高的 OLR 可以得到较大的氢气和乙醇产率,然而过高的 OLR 将抑制产氢和产乙醇菌群的活性。

表3.2　不同有机负荷条件下悬浮生长系统氢气产率和乙醇产率的变化

OLR /(kg·m⁻³·d⁻¹)	COD/(mg·L⁻¹)	氢气产率 /(mmol·h⁻¹·L⁻¹)	乙醇产率 /(mmol·h⁻¹·L⁻¹)	产能速率[a] /(kJ·h⁻¹·L⁻¹)
8	2 000	2.89	5.31	8.08
16	4 000	4.23	6.71	10.37
24	6 000	12.4	20.27	31.23
32	8 000	8.67	7.23	12.35

注　[a]产能速率 = 氢气产率(mol/(h·L)) × 286 kJ/mol 氢气 + 乙醇产率(mol/(h·L)) × 1 366 kJ/mol 乙醇

3.3.2　液相发酵代谢产物(Soluble Microbial Products,SMP)

无论 OLR 在表3.2中4种(8~32 kg/(m³·d))条件下如何变化,在液相发酵代谢产物中,乙醇为主要发酵代谢产物,其占液相发酵代谢产物的31%~59%。其次含量较多的为乙酸和丁酸,分别占液相发酵代谢产物的23%~33% 和11%~20%。同时,还检测到少量的丙酸产生。通过各液相发酵代谢产物的含量可以看出,无论在任何 OLR(8~32 kg/(m³·d))条件下,本研究的培养驯化环境有利于产氢菌群的形成和代谢,这是因为在高效产氢系统中,乙醇往往是占主导地位的产物(式(3.2))。理论上丁酸型发酵1 mol 葡萄糖可以产生2 mol 氢气(式(3.3)),这一理论值同乙醇型发酵相同。然而,丁酸型发酵代谢类型具有转化成丁醇的代谢,而丁醇的产生是要消耗氢气的,因此乙醇型发酵比丁酸型发酵在制氢方面更具优势。

如表3.3所示,当OLR由24 kg/(m^3·d)增加到32 kg/(m^3·d)时,液相发酵代谢产物中丙酸的质量分数由0.8%增加到18%,此时,氢气产率由12.4 mmol/(h·L)下降到8.67 mmol/(h·L)。这一研究结果同Wang报道的丙酸型发酵具有较低的产氢能力(式(3.4))一致。

$$C_6H_{12}O_6 + 2H_2O + 2NADH \longrightarrow 2CH_3CH_2OH + 2HCO^{3-} + 2NAD^+ + 2H_2 \tag{3.2}$$

$$C_6H_{12}O_6 + 2H_2O \longrightarrow CH_3CH_2CH_2COO^- + 2HCO^{3-} + 2H_2 + 3H^+ \tag{3.3}$$

$$C_6H_{12}O_6 + 2NADH \longrightarrow 2CH_3CH_2COO^- + 2H_2O + 2NAD^+ \tag{3.4}$$

表3.3 不同有机负荷条件下悬浮生长系统液相末端发酵产物组分及含量的变化

OLR /(kg·m^{-3}·d^{-1})	COD /(mg·L^{-1})	TVFA /(mg·L^{-1})	SMP /(mg·L^{-1})	HAc/SMP /%	HBu/SMP /%	HPr/SMP /%	EtOH/SMP /%	TVFA/SMP /%
8	2 000	593	1 069	33	11	6.8	44	55.47
16	4 000	773	1 375	32	17	3	44	56.21
24	6 000	1 225	3 042	23	14	0.8	59	40.26
32	8 000	1 441	2 089	24	20	18	31	68.98

注 HAc:乙酸;HBu:丁酸;HPr:丙酸;EtOH:乙醇;TVFA(总挥发性脂肪酸) = HAc + HBu + HPr;SMP:液相末端发酵产物(SMP = TVFA + EtOH)

产氢量和产乙醇量的关系从图3.10中可以看出,在这4种OLR条件下,产氢量同产乙醇量呈现出正相关。乙醇产率(y)同氢气产率(x)之间的线性方程可以表述为 $y = 0.543 1x + 1.681 6$ ($R^2 = 0.761 7$)。

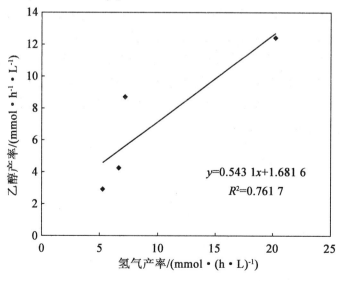

图3.10 悬浮生长发酵制氢系统中氢气产率同乙醇产率的线性关系

3.3.3 能量转化率(产能速率)

由于本研究的发酵系统中可以制造出大量的液态和气态的生物燃料(如氢气和乙醇),根据其燃烧热值计算来自两个生物燃料的组合能量转换过程中的效能。如表 3.2 所示,系统能量转化率(Energy Conversion Rate,ECR)即产能速率随着 OLR 由 8 kg/(m³·d)增加到 24 kg/(m³·d)而增加,这是相当明显的,因为氢气和乙醇产率随着 OLR 的增加而增加。当 CSTR 反应器的 OLR 为 24 kg/(m³·d)时,系统最大能量转化率为 31.23 kJ/(h·L),这种差异可能是由于微生物代谢菌群和结构不同导致的。从能量转化方面来看,能同时制取氢气和乙醇要优于制取其他生物燃料,而且由于氢气和乙醇处于不同阶段,因此提取这两种生物燃料相对来说会更加容易,这为后续工艺的处理节省资金,更具经济效益。

3.4 本章小结

(1)为了探讨厌氧发酵制氢系统的产氢效能,首先采用间歇和连续流方式,考察了直接可控影响因素——温度和水力停留时间对厌氧发酵生物系统产氢效能的影响,研究表明,当温度控制在 35 ℃时,厌氧发酵生物制氢系统内微生物的产氢代谢活性最高,系统分别得到最大氢气产率(5.74 L/(h·L))和产氢量(2.66 mol/mol)。另一方面,当 HRT 控制为 6 h 时,悬浮生长制氢系统产氢效能最大(氢气产率为 3.2 L/(h·L))。

(2)当 CSTR 反应器温度和水力停留时间分别控制在 35 ℃和 6 h 时,pH 在 3.82～4.5 之间变化,ORP 稳定在 −350 mV,反应器可实现稳定的乙醇型发酵。在反应器稳定运行阶段,COD 去除率保持在 20% 左右,发酵气体中氢气的体积分数为 44.9%。

(3)本试验研究了利用生物反应器同时制取氢气和乙醇两种生物燃料的可行性。在 CSTR 反应器中,氢气产率和乙醇产率随着 OLR 由 8 kg/(m³·d)提高到 24 kg/(m³·d)而增加。然而,当 OLR 进一步提高到 32 kg/(m³·d)时,系统氢气和乙醇产率呈现下降趋势。本研究得到的最大氢气产率和最大乙醇产率分别为 12.4 mmol/(h·L)和 20.27 mmol/(h·L)。这项研究还利用能量转换率(氢气和乙醇的热值作为基础),考察整体的生物过程的能源转化效率。利用糖蜜废水作为发酵底物,CSTR 反应器在 OLR 为 24 kg/(m³·d)时,系统得到最大能量转化率为 31.23 kJ/(h·L)。

第4章 连续流附着生长系统制氢工艺的建立与运行

目前,对于厌氧发酵法生物制氢的研究,主要集中在各类环境因子尤其是 pH 对氢气产量的影响方面。然而,如何在厌氧发酵制氢反应器内保持较多的产氢菌群是发酵法生物制氢稳定运行的关键。Yokoi 等以葡萄糖为底物对产气肠杆菌 HO－39 菌株进行的非固定化试验中,获得了 120 mL/(L·h)的氢气产率。采用多孔玻璃作为载体对菌体进行固定(反应器有效容积为 100 mL)时,氢气产率提高到 850 mL/(L·h)(HRT＝1 h),较非固定化细胞氢气产率提高了 7 倍。Palazzi 等研究了在填料塔反应器内,用纯培养菌 *Enterobacter aerogenes* 附着生长在混合的多孔玻璃珠,以淀粉水解制氢。Kumar 和 Das 用固定在木素纤维素上的微生物细菌 *Enterobacter cloacae*,以可溶性淀粉为底物,连续制氢。Chang 等和 Lee 等研究了在适温条件下固定床生物反应器,不同载体基质和操作条件下生物制氢。以上研究多集中于间歇试验,难以满足生物制氢产业化生产的要求。因此,本章研究了以糖蜜废水为底物,利用 CSTR 生物制氢反应器,选用具有良好物理吸附性的活性炭作为活性污泥附着生长载体,考察连续流附着生长系统制氢工艺的建立与运行特性。

4.1 连续流附着生长系统制氢工艺的建立

4.1.1 反应器进水 COD 和 COD 去除率的变化

图 4.1 反映的是 CSTR 反应器在启动过程中 COD 的变化情况。反应器启动后,控制进水 COD 质量浓度为 4 000 mg/L(有机负荷为 16 kgCOD/(m^3·d))左右,运行 1 d 后,COD去除率高达 66.28%,一方面,这是由于反应器启动初期,活性污泥具有较高的代谢活性;另一方面,是由于载体具有良好的吸附性能。固定化污泥由好氧驯化到厌氧运行的剧烈变化,导致固定化污泥的代谢活性下降,另外载体的吸附饱和,致使 COD 去除率迅速下降到30% 左右。此时,反应器系统内的过酸状态(pH＝3.5)严重抑制了微生物的代谢活性,COD去除率在第 5 d 下降到 18.59%。随着进水 COD 下降到 2 000 mg/L(有机负荷为 8 kgCOD/(m^3·d)),反应器内过酸状态得到缓解,微生物代谢活性逐渐恢复,表现为 COD 去除率上升并稳定在 23% 左右。反应器运行到第 13 d,有机负荷升高到 24 kgCOD/(m^3·d),COD 去除率迅速提高到 53.98%,通常有机负荷的提高会引起反应器系统受到一定的负荷冲击,从而导致微生物代谢活性下降,而本试验在有机负荷提高到 24 kgCOD/(m^3·d)时却有较高的 COD 去除率,分析认为,在有机负荷条件为 8 kgCOD/(m^3·d)时,难以满足微生物的代

谢需求,因此有机负荷提高后,COD 去除率也迅速提高而不是下降;另一方面,在低负荷条件下,微生物会以吸附在载体上的有机物为代谢底物,从而使载体重新具有一定的吸附能力,也是导致 COD 去除率较高的原因。然而有机负荷的提高导致挥发酸的大量产生,系统pH 迅速下降,导致一部分微生物不适应而死亡,COD 去除率降低到 11.25%。虽然反应器后期运行过程中,通过投加 NaOH 的方式使出水 pH 上升到 4 以上,反应器系统内 COD 去除率稳定在 12%,并无明显上升。

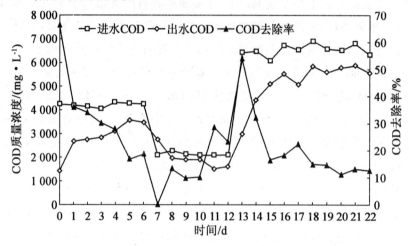

图 4.1　附着生长制氢反应器启动过程中 COD 的变化情况

4.1.2　液相末端发酵产物的变化

从液相末端发酵产物检测结果分析(图 4.2),反应器启动初期,由于溶解氧和氧分子的存在,反应器属于兼性厌氧环境,而产丙酸菌群适应兼性厌氧环境,使丙酸产量较高,达到328.09 mg/L。然而载体在好氧挂膜时,大量氧分子进入载体孔隙中,在厌氧运行阶段,这些氧分子慢慢释放出来,需要一定的时间才能被微生物所消耗利用,因此丙酸含量直到第4 d 才有明显的下降。系统有机负荷在第 7 d 由 16 kgCOD/$(m^3 \cdot d)$下降到 8 kgCOD/$(m^3 \cdot d)$,液相末端发酵产物总量下降到 773.3 mg/L 左右。随着微生物对厌氧环境的逐渐适应,反应器在运行 12 d 后达到相对稳定状态,液相末端发酵产物总量为 1 079.68 mg/L。有机负荷在第 13 d 的 8 kgCOD/$(m^3 \cdot d)$提升到 24 kgCOD/$(m^3 \cdot d)$,液相末端发酵产物总量由1 366.14 mg/L增加到 2 205.58 mg/L,其中乙醇含量增加尤其明显,由 542.92 mg/L 增加到791.16 mg/L。在反应器的后续运行过程中,乙醇含量在 895.69 ~ 1 095.56 mg/L 之间波动,乙酸的含量则维持在 764.64 ~ 874.77 mg/L 范围内,而丙酸的含量仅为 18.6 ~35.46 mg/L,丁酸为 168.86 ~ 250.93 mg/L,戊酸的含量为 14.72 ~ 26.8 mg/L。作为乙醇型发酵目的产物的乙醇和乙酸含量占液相末端发酵产物总量的 89%,形成典型的乙醇型发酵。

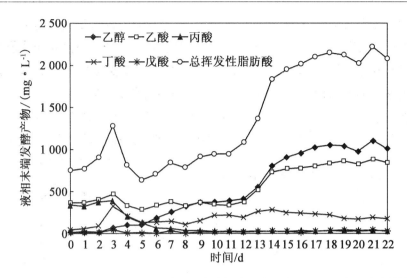

图4.2　附着生长制氢反应器启动过程中液相末端发酵产物组分及含量的变化情况

4.1.3　pH 的变化

在 CSTR 反应器运行过程中,进水 pH、出水 pH 的变化情况如图 4.3 所示。试验结果表明,反应器启动过程的进水 pH 基本都在 5.95 ~ 6.85 之间变化,进水 pH 的波动对反应系统的影响不大。生物制氢反应器启动 1 d 后,由于活性污泥中的微生物还没有完全适应反应体系的环境,产酸发酵作用较弱,系统的出水 pH 不是很低,达到 4.92。随着污泥对环境条件的逐渐适应以及启动采用的较高有机负荷,其发酵作用也增强,产生了大量的挥发酸,在第 2 ~ 6 d 出水 pH 迅速下降,在第 5 d 出水 pH 达到了 3.5。由于有机负荷在第 7 d 由起始的 16 kg/(m³·d)下降到 8 kg/(m³·d),系统出水 pH 逐渐上升并稳定在 4.14 左右,可见对于固定化活性污泥发酵产氢系统,降低有机负荷是提高反应器 pH 的有效方式。有机负荷在第 13 d 由 8 kgCOD/(m³·d)提升到 24 kgCOD/(m³·d)后,挥发酸的大量产生导致系统 pH 下降到 3.5 左右,可见固定化活性污泥产氢系统并不能抑制由挥发酸产生而引起的pH 下降,此时也并未发现由于过低的 pH 而导致反应器的运行失败,反应器仍能正常运行,表明固定化活性污泥产氢系统具有 ·定的抗低 pH 的能力。反应器运行到第 20 d,向进水投加定量 NaOH 后发现,出水 pH 迅速上升到 4.28,因此对于固定化活性污泥发酵产氢系统而言,降低有机负荷或投加 NaOH 提高系统 pH 是十分有效的。

4.1.4　氧化还原电位(ORP)的变化

氧化还原电位对微生物生长生理、生化代谢均有明显影响。生物体细胞内的各种生物化学反应都是在特定的氧化还原电位范围内发生的,超出特定的范围,则反应不能发生或者改变反应途径。

图 4.4 为固定化活性污泥发酵产氢系统 ORP 的变化情况。反应器启动后,ORP 很不稳定,并有上升趋势,反应器运行到 7 d 时,ORP 从起始的 −483 mV 逐渐上升到 −337 mV,这

是因为固定化污泥曝气培养、好氧挂膜及接种至反应器的过程中,反应器内部会存在一定的氧分子和溶解氧,而在厌氧阶段,这些氧分子和溶解氧需要经过一段时间才能被系统中的微生物所消耗利用,因此反应器启动初期,系统内的厌氧程度较低。在后续运行阶段,随着厌氧环境的逐渐形成,ORP 逐渐稳定在 −420 mV 左右,直至反应器乙醇型发酵优势菌群的建立。因此,在启动过程中无需对反应系统的 ORP 进行人为的调节,只要系统的厌氧环境得以保证,通过微生物的生理代谢活动,反应系统能够自然地达到较低的氧化还原电位。

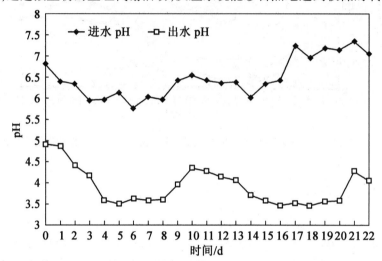

图 4.3　附着生长制氢反应器启动过程中进、出水 pH 的变化情况

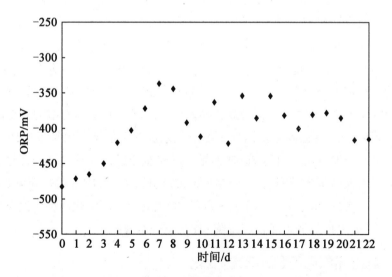

图 4.4　附着生长制氢反应器启动过程中 ORP 的变化情况

4.1.5　产气量和产氢量的变化

对于固定化活性污泥发酵制氢系统而言,产气量和产氢量是衡量厌氧发酵效果好坏的一个重要指标。如图 4.5 所示为附着生长制氢反应器启动过程中产气量和产氢量的变化情

况。启动初期,由于反应器内溶解氧的存在,反应器内兼性污泥和厌氧污泥保持较高的代谢活性,前 3 d 的累积产气量达到 25.67 L。固定化活性污泥发酵产氢系统在经历了过低的 pH 后,产气量和产氢量随 pH 的上升而提高,尽管有机负荷在第 7 d 由 16 kgCOD/(m³·d) 下降到 8 kgCOD/(m³·d),产气量和产氢量依然增加,分别增加到 7.7 L/d 和 3.72 L/d。虽然系统 pH 在 10 d 时上升到 4.0 以上,产气量和产氢量分别下降到 5.89 L/d 和 2.85 L/d。分析认为,有机负荷降低后并没有马上出现产气量和产氢量下降的情况,这是由于固定化微生物菌群利用附着在载体上的有机底物进行发酵,2 d 后才出现产气量和产氢量下降的情况,虽然这时系统的 pH 在 4.0 以上,微生物代谢活性恢复,而产气量和产氢量的下降是由于底物浓度降低而引起的。有机负荷在 13 d 提高到 24 kgCOD/(m³·d) 后,产气量和产氢量都呈现上升趋势,并在 17 d 时分别达到最大值 11.88 L/d 和 6.06 L/d。在 14 ~ 20 d 系统 pH 在 3.4 ~ 3.7 范围内波动,而系统产气量和产氢量在 18 d 时开始下降,可见固定化活性污泥发酵产氢系统可有效抗低 pH 冲击,但是抗低 pH 冲击能力是有限的。系统 pH 在 22 d 时上升到 4.0 以上,固定化微生物代谢活性恢复较快,产气量和产氢量上升并分别稳定在 10.6 L/d 和 5.9 L/d 左右。

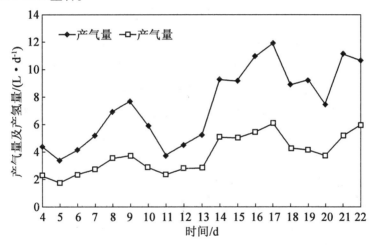

图 4.5   附着生长制氢反应器启动过程中产气量和产氢量的变化情况

4.2   固定化污泥厌氧发酵生物制氢和生物制乙醇

4.2.1   氢气和乙醇的产量

CSTR 反应器在 3 种不同有机负荷条件下达到稳定时的氢气和乙醇产率及产能速率见表 4.1,当 OLR 在 8 ~ 24 kg/(m³·d) 范围内变化时,氢气和乙醇产率随着有机负荷的增加而增加,并且在有机负荷为 24 kg/(m³·d) 时分别得到最大的氢气产率(10.74 mmol/(h·L))和乙醇产率(11.72 mmol/(h·L))。

生物燃料(氢气和乙醇)产量的差异是由于污泥在混合培养过程中,不同微生物群落代谢机理不同造成的。因此不同底物浓度下形成不同的产氢菌群,产生的液相代谢产物也会不同。

表 4.1　以糖蜜废水为碳源,在不同 OLR 条件下,CSTR 反应器达到稳定时氢气和乙醇产率及产能速率

OLR /$(kg \cdot m^{-3} \cdot d^{-1})$	COD /$(mg \cdot L^{-1})$	氢气产率 /$(mmol \cdot h^{-1} \cdot L^{-1})$	乙醇产率 /$(mmol \cdot h^{-1} \cdot L^{-1})$	产能速率[a] /$(kJ \cdot h^{-1} \cdot L^{-1})$
8	2 000	5.76	4.23	7.42
16	4 000	7.68	6.04	10.44
24	6 000	10.74	11.72	19.08

注　[a] 产能速率 = 氢气产率$(mol/(h \cdot L)) \times 286$ kJ/mol 氢气 + 乙醇产率$(mol/(h \cdot L)) \times 1$ 366 kJ/mol 乙醇

4.2.2　液相末端发酵产物的组分

CSTR 反应器在不同 OLR 的条件下达到稳定时液相末端发酵产物的组分及含量见表 4.2。尽管 CSTR 反应器在不同 OLR 条件下运行,液相末端发酵产物(SMP)中的主要产物为乙醇,占 38.3% ~48.9%;其次是乙酸和丁酸,分别占 SMP 的 36.6% ~41.5% 和 8.4% ~21.5%;同时,也产生少量的丙酸(1.2% ~2.4%)。液相末端发酵产物的组分说明,在不同的 OLR 条件下,本研究的培养条件有利于微生物发酵产氢,这是因为在高效产氢系统中,乙醇是主要的液相末端发酵产物。

氢气和乙醇产率的关系如图 4.6 所示,尽管在不同的 OLR 条件下运行,氢气和乙醇产率都呈正相关。线性方程结果表明,乙醇产率(y)和氢气产率(x)可以用 $y = 1.536\ 5x - 5.054$ 的关系来表达($R^2 = 0.975\ 1$)。

表 4.2　以糖蜜废水为碳源,CSTR 反应器在不同 OLR 的条件下达到稳定时液相末端发酵产物的组分及含量

OLR /$(kg \cdot m^{-3} \cdot d^{-1})$	COD /$(mg \cdot L^{-1})$	TVFA /$(mg \cdot L^{-1})$	SMP /$(mg \cdot L^{-1})$	HAc/SMP /%	HBu/SMP /%	HPr/SMP /%	EtOH/SMP /%	TVFA/SMP /%
8	2 000	579	941	36.6	21.5	2.4	38.4	61.5
16	4 000	721	1 265.6	41.5	12.7	1.2	42.8	57
24	6 000	1 080	2 118	40.2	8.4	1.2	48.9	51

注　HAc:乙酸;HBu:丁酸;HPr:丙酸;EtOH:乙醇;TVFA(总挥发性脂肪酸) = HAc + HBu + HPr;SMP:液相末端发酵产物(SMP = TVFA + EtOH)

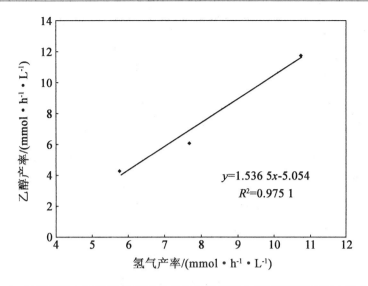

图 4.6　以糖蜜废水为碳源,在附着生长制氢反应器中氢气和乙醇产率之间的关系

4.2.3　产能速率

由于发酵系统产生了大量气体和液体生物燃料(即氢气和乙醇),能源方面的工艺性能来自两个生物燃料组合用来计算其燃烧热值。如表 4.1 所示,产能速率随着 OLR 的提高由 8 kg/(m³·d) 提高到 24 kg/(m³·d),因为氢气和乙醇产率随 OLR 的提高而提高,所以氢气产率和乙醇产率的变化非常明显。当 CSTR 中的 OLR 为 24 kg/(m³·d) 时,最高产能速率为 19.08 kJ/(h·L),这种差异可能是由于细菌种群结构的变化所引起的。从总的产能方面来看,同时生产氢气和乙醇优于只产生其中一种。此外,由于目前氢气和乙醇分别是气相和液相产物,分离这两种生物燃料相对容易,通过简单的加工能带来更多的经济效益。

4.2.4　氢气产率和乙醇/乙酸的比值

如图 4.7 所示为乙醇/乙酸比值对氢气产率的影响。随着生物制氢系统中乙醇/乙酸比值的变化,氢气产率也发生相应地改变,由此看出液相末端发酵产物产量和产氢量相关联。当乙醇/乙酸比值从 0 增大到 1,氢气产率从 2 molH₂/kgCOD 增大到 20 molH₂/kgCOD;而当乙醇/乙酸比值高于 1 时,氢气产率反而下降。这可能是由于发酵途径的改变以及 NADH 的氧化还原作用造成的。

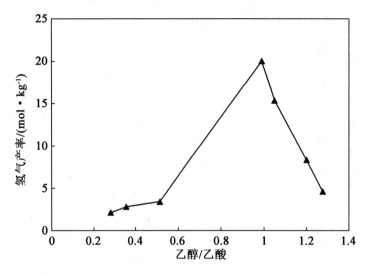

图 4.7　乙醇/乙酸比值对氢气产率的影响

4.3　本章小结

(1)连续流附着生长制氢系统在污泥接种量为 17.74 g/L,温度为 35 ℃,HRT 为 6 h,OLR 在 8 ~ 24 kgCOD/(m³ · d)范围内,可在 22 d 内达到连续稳定产氢。此时,液相末端发酵产物中,乙醇和乙酸的含量占挥发酸总量的 89%,为典型的乙醇型发酵类型,产气量和产氢量分别为 10.6 L/d 和 5.9 L/d 左右。

(2)由于颗粒活性炭具有一定的吸附能力,连续流附着生长制氢系统在低有机负荷条件下运行时,微生物会以吸附在载体上的有机底物进行发酵代谢,而有机负荷迅速提高后,颗粒活性炭对有机物的吸附使连续流附着生长制氢系统具有一定的抗负荷冲击能力。连续流附着生长制氢系统也可在较低的 pH 条件下运行,然而系统耐低 pH 的能力是有限的。

(3)对于连续流附着生长制氢系统而言,降低有机负荷和向进水投加 NaOH 是提高系统 pH 的两种有效方式。

(4)试验表明,连续流附着生长制氢系统具有生产生物燃料(氢气和乙醇)的可行性。CSTR 生物制氢系统中,随着 OLR 从 8 kg/(m³ · d)提高到 24 kg/(m³ · d),氢气产率和乙醇产率也随之提高。试验阶段得到的最大氢气产率和乙醇产率分别为 10.74 mmol/(h · L)和 11.72 mmol/(h · L)。本试验把产能速率(产生的氢气和乙醇的热值)作为评价整个生化过程产能效能指标。利用糖蜜废水为底物,有机负荷 24 kg/(m³ · d)的条件下,CSTR 生物制氢系统得到的最高产能速率为 19.08 kJ/(h · L)。乙醇产率(y)和氢气产率(x)的关系表达式为 $y = 1.536\,5x - 5.054$ ($R^2 = 0.975\,1$)。乙醇/乙酸的比值接近 1 时,氢气产率最大。

第5章　连续流混合固定化污泥反应器发酵制氢

本章探讨了利用新型连续流混合固定化污泥反应器（Continuous Mixed Immobilized Sludge Reactor,CMISR）厌氧发酵生物制氢的可行性,同时考察了有机负荷（OLR）对 CMISR 反应器产氢效能的影响。期望本研究能够为未来生物制氢反应器的设计提供基本的理论和技术帮助。

5.1　CMISR 反应器乙醇型发酵微生物菌群的驯化

5.1.1　液相末端发酵产物的变化

在厌氧微生物环境中,厌氧发酵制氢的过程中总是伴随着有机底物代谢转化成各种酸性产物。酸性产物的产量反映出代谢过程的变化并提供信息以有利于改善产氢的发酵条件。图 5.1 为 CMISR 反应器在启动过程中液相末端发酵产物的变化情况。CMISR 反应器在前 10 d 的运行过程中,液相末端发酵产物总量由 627.7 mg/L 增加到 1 266.5 mg/L。液相末端发酵产物的变化表明系统正经历发酵类型的转变。当 CMISR 反应器运行到第 20 d 时,液相末端发酵产物中乙醇、乙酸、丙酸、丁酸和戊酸的质量浓度分别为 379.3 mg/L, 330.6 mg/L, 18.1 mg/L, 201.4 mg/L 和 7.9 mg/L,这表明系统为混合酸发酵代谢类型,此时氢气产量并不高。在这些液相末端发酵产物中,乙酸是主要的发酵产物。当 CMISR 反应器运行到第 40 d 时,系统达到稳定,乙醇、乙酸、丙酸、丁酸和戊酸的质量浓度分别为 1 095.5 mg/L, 874.8 mg/L, 35.6 mg/L, 183.6 mg/L 和16.1 mg/L。乙醇和乙酸的质量浓度为 1 970.3 mg/L,占总液相代谢发酵产物的 89.3%,这表明乙醇型发酵代谢类型形成。任南琪院士认为乙醇型发酵代谢类型具有较多产氢优势,并提出乙醇型发酵为连续流混合制氢的最佳发酵代谢类型。

5.1.2　产气量和产氢量

当经曝气驯化后混合微生物菌群接种到 CMISR 反应器并固定在颗粒活性炭后,系统控制进水 COD 质量浓度为 2 000~6 000 mg/L。在 CMISR 反应器启动及污泥驯化的过程中,系统的产气量、产氢量和氢气的体积分数的变化情况如图 5.2 所示。在 CMISR 反应器启动初期（前 10 d）,产气量和氢气含量都是比较低的。氢气产量的变化可能是由微生物菌群结构不同和进水 COD 质量浓度变化而造成的,因为此时的活性污泥正处于自我调节和驯化以适应系统内部环境的过程中。当 CMISR 反应器运行 30 d 后,系统产氢量和底物消耗量开始逐步稳定。系统运行40 d后,污泥驯化完成,产气量和氢气含量达到稳定。最终,产气量保持在 1.96 m³/(m³·d),相应氢气的体积分数和产氢量分别为 46.6% 和 1.09 m³/(m³·d)。

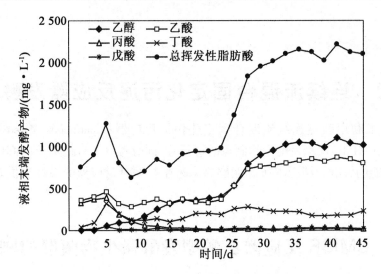

图 5.1　CMISR 反应器启动过程中液相末端发酵产物的变化情况

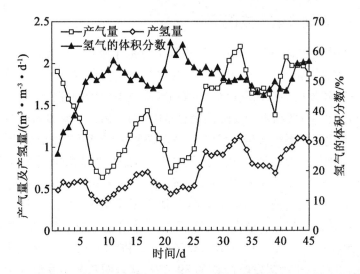

图 5.2　CMISR 反应器启动过程中产气量、产氢量和氢气的体积分数的变化情况

5.1.3　污水处理

　　本节同样考察了系统运行过程中 COD 处理效率(图 5.3)。CMISR 反应器具有发酵制氢的同时消耗废水中的有机底物。在系统初始启动阶段,COD 去除效率较高,这是由于接种的好氧驯化污泥固定在颗粒活性炭上并具有一定的污泥菌群吸附能力造成的。进水 COD 和出水 COD 在反应器运行到第 2 d 时分别为 4 232 mg/L 和 1 426 mg/L。根据进水 COD 的变化,系统 COD 去除率在 −31.2% 到 53.9% 之间波动,并在第 40 d 时稳定在 13%。试验结果表明,在 CMISR 反应器中可实现发酵制氢的同时达到污水处理的目的。

　　在传统的厌氧污水处理系统中,COD 主要是被产甲烷菌群消耗利用并产生液相代谢产物(如乙酸)和甲烷。然而,在 CMISR 反应器中产酸菌群为主要微生物菌群,COD 的消耗利用主要是通过微生物合成代谢和发酵气体的释放(CO_2 和 H_2),以及 COD 转化成液相末端发酵产物(如乙醇、乙酸、丁酸和丙酸)并保留在系统内。因此,在 CMISR 系统中的 COD 去除率要低于传统的厌氧生物处理系统。

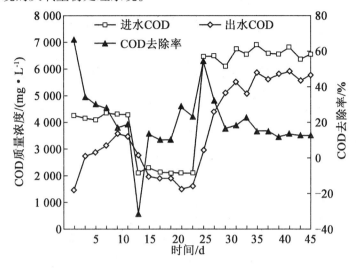

图 5.3　CMISR 反应器启动过程中 COD 质量浓度和 COD 去除率的变化情况

5.1.4　pH 和 ORP 的变化情况

pH 对微生物活性有明显的影响,并能影响微生物对营养物质的吸收和微生物产氢效率。Fang 和 Liu 发现,最佳的制氢 pH 为 5.5,而 Khanal 通过间歇式试验得出最佳的产氢 pH 为 5.5~5.7。在本研究中,稳定的乙醇型发酵形成时系统具有较高的产氢量,此时的 pH 为 4.06~4.28(图 5.4 和图 5.5),这一研究结果同 Li 的研究一致。最佳产氢 pH 范围的不同可能是由于在不同的运行条件下微生物菌群的结构不同而导致的。在本研究的过程中,并没有检测到甲烷的产生,这表明较低的 pH 可有效地抑制产甲烷菌群的形成。

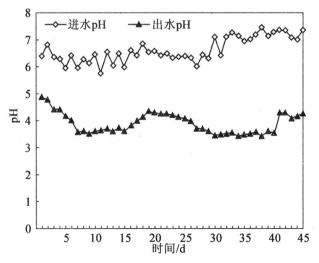

图 5.4　CMISR 反应器启动过程中 pH 的变化情况

在 CMISR 反应器运行到第 15 d, 系统 ORP 从 -465 mV 上升到 -337 mV, 然后又在第 25 d 下降到 -422 mV, 并最终保持在 -416 mV 到 -434 mV 之间, 这表明此时的 ORP 为乙醇型发酵的最佳条件。在厌氧处理系统中, ORP 主要是受 pH 的影响。由于 CMISR 反应系统是处于连续运行的, 而且 pH 处于一直变化状态, 因此, 很难在 ORP 和 pH 之间得出明显的线性关系。然而, 从图 5.4 和图 5.5 中可以看出, 在多数情况下, ORP 同 pH 呈现反比关系, 较低的 ORP 对应着较高的 pH。

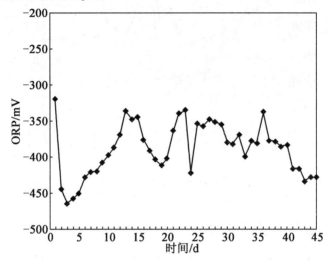

图 5.5　CMISR 反应器启动过程中 ORP 的变化情况

5.2　不同 OLR 对 CMISR 反应器产氢效能的影响

为了研究不同 OLR 对 CMISR 反应器产氢效能的影响, 一共进行 4 组 OLR 变化试验 $((8 \sim 32 \ kg/(m^3 \cdot d)))$。在反应器运行过程中产生的发酵气体主要是由 H_2 和 CO_2 组成, 并没有检测到 CH_4 的产生, 这说明在 CMISR 反应器前期启动的过程中, pH 和 ORP 的变化有效地抑制了耗氢菌群的产生。在这 4 组 OLR 变化的试验中, 每一组试验都经过 16 个 HRT 的试验时间, 以保证反应时间充足。

5.2.1　OLR 变化对 CMISR 反应器产气量和产氢量的影响

在不同 OLR 条件下, CMISR 反应器的产氢和产气效能如图 5.6 和图 5.7 所示。氢气产率随着 OLR 从 8 kg/($m^3 \cdot d$) 增加到 32 kg/($m^3 \cdot d$) 而增加。

从图 5.6(a) 中可以看出, 当 OLR 为 32 kg/($m^3 \cdot d$) 时, CMISR 反应器得到最大氢气产率为 12.51 mmol/(h·L), 氢气产率同 OLR 呈现正比例变化, 相关系数大于 0.9。图 5.6(b) 中指出, 当 OLR 为 16 kg/($m^3 \cdot d$) 时, CMISR 反应器得到最大底物转化产氢量(The maximum hydrogen yield by substrate consumed) 为 130.57 mmol/mol。基于上述研究结果, 可以看出氢气

产率随着 OLR 的提高而增加,然而,底物转化产氢量随着 OLR 大于 16 kg/($m^3 \cdot$ d)而降低。可以明显地看出,当 OLR 在 8~32 kg/($m^3 \cdot$ d)范围内变化时,氢气产率和产氢量的变化呈现出明显的差异。

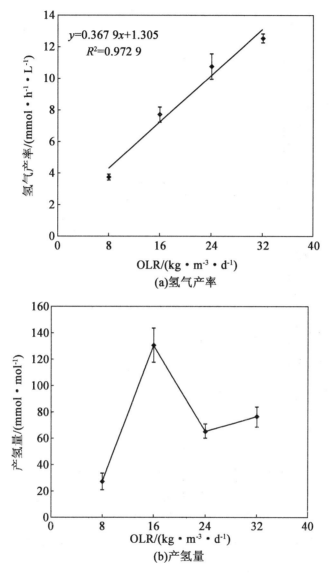

$y=0.367\ 9x+1.305$
$R^2=0.972\ 9$

(a)氢气产率

(b)产氢量

图 5.6　有机负荷(OLR)对 CMISR 反应器产氢效能的影响

图 5.7 反映的是 OLR 的变化对 CMISR 反应器产气效能的影响。从图中可以看出,产气速率和产气量的变化同氢气产率和产氢量的变化相似。图 5.7(a)表明,当 OLR 为 32 kg/($m^3 \cdot$ d)时,CMISR 反应器得到最大产气速率为 25.02 mmol/(h·L)。产气速率(y)同 OLR(x)呈正线性方程:$y = 0.759\ 2x + 2.58$ ($R^2 = 0.939\ 5$)。图 5.7(b)表明,当 OLR 为 16 kg/($m^3 \cdot$ d)时,CMISR 反应器得到最大底物转化产气量为 252.02 mmol/mol,但当 OLR 增加到 32 kg/($m^3 \cdot$ d)时,底物转化产气量下降到 152.72 mmol/mol。

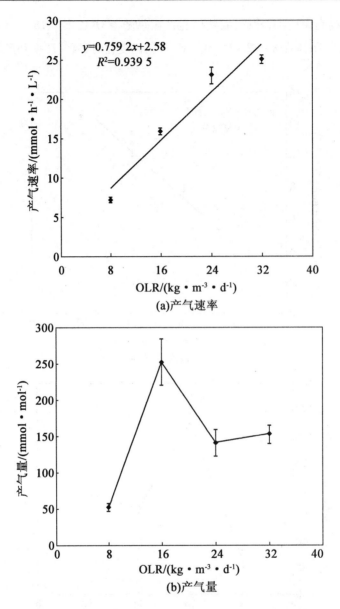

图 5.7 有机负荷（OLR）对 CMISR 反应器产气效能的影响

同其他制氢对比试验相比，最佳制氢 OLR 有明显的不同（OLR 为 20～50 kg/（m³·d)）（表 5.1），这是因为 OLR 被认为是制氢过程中最重要的影响因素之一，OLR 能够影响产氢微生物群落的结构，从而影响产氢的效能。在本研究中，当 OLR 为 32 kg/（m³·d）时，CMISR 反应器得到最大产氢速率为 12.51 mmol/（h·L）。由于本研究用作发酵制氢底物为糖蜜废水，同其他相关研究相比，底物成分更加复杂化，而且更具经济效益，因此，CMISR 反应器可作为高效生物反应器用作厌氧发酵生物制氢。

表 5.1　同其他发酵制氢系统稳定状态下数据对比分析

反应器/底物	最大 OLR /(kg·m⁻³·d⁻¹)	pH/T/℃	HRT	氢气产率 /(mmol·h⁻¹·L⁻¹)
ASBR/蔗糖	20	6.7/35	4 h	19.6
UASB/蔗糖	20	6.7/35	8 h	12.5
CSTR/食品废水	50	5.5/55	5 d	2.6
Fermentor/合成废水	37	5.0/60	1 d	8.8
TBR/葡萄糖	20	7.0/60	2 h	43
CSTR/蔗糖	20	6.8/35	12 h	17
CSTR/蔗糖	30	5.4/35	12 h	14
CMISR/糖蜜废水	32	4.2/35	6 h	12.51

5.2.2　液相末端发酵产物同氢气产率之间的关系

　　表 5.2 为不同负荷条件下得到的氢气产率同液相末端发酵产物的关系。当氢气产率为 12.51 mmol/(h·L) 时,可得到最大产乙醇质量浓度为 55.8 mmol/L,乙酸质量浓度为 42.41 mmol/L。当氢气产率为 7.68 mmol/(h·L) 时,丁酸和丙酸质量浓度下降,而后随着氢气产率增加到 12.51 mmol/(h·L) 时,丁酸和丙酸质量浓度分别增加到 13.3 mmol/L 和 1.33 mmol/L。总的来说,当产氢速率在 3.72~12.51 mmol/(h·L) 之间变化时,乙醇质量浓度要高于乙酸质量浓度。乙醇和乙酸为 CMISR 反应系统内主要液相末端发酵产物,这表明系统始终为乙醇型发酵代谢产氢菌群。

表 5.2　不同负荷条件下得到的氢气产率同液相末端发酵产物的关系

氢气产率 /(mmol·h⁻¹·L⁻¹)	乙醇 /(mmol·L⁻¹)	乙酸 /(mmol·L⁻¹)	丁酸 /(mmol·L⁻¹)	丙酸 /(mmol·L⁻¹)
3.72	16.9	14.7	8.9	0.8
7.68	24.2	23.5	7.2	0.72
10.74	44	36.4	7.53	1.24
12.51	55.8	42.41	13.3	1.33

5.2.3　在不同 pH 条件下丁酸/乙酸和乙醇/乙酸的变化

　　先前关于 pH 对厌氧发酵制氢过程中液相末端发酵产物的影响,通常有两种描述。一些观点认为,在厌氧发酵制氢系统中,当 pH 低于 4.0 时,发酵制氢微生物的代谢活性受到抑制;另外一些观点认为,当 pH 在 4.0~4.5 之间变化时,可有利于乙醇型发酵的形成。然而,从图5.8(a)中可以看出,当pH在3.4到4.4之间变化时,丁酸(HBu)同乙酸(HAc)的比率随着pH的增加而增加,并且丁酸的产量要低于乙酸的产量,这是因为HBu/HAc低于0.6 mol/mol。HBu/HAc(y)同pH(x)呈现出正比例关系,线性方程可表述为$y = 0.365\,4x - 0.989\,6$($R^2 = 0.985\,6$)。因此,当pH在3.4~4.4之间变化时,丁酸的产量会随着pH的增加而增加。如图5.8(b)所示为乙醇(EtOH)同乙酸(HAc)比率的变化情况,当pH在3.4~3.6和4.1~4.4之间变化时,EtOH/HAc的比率大于1.1,这说明,当pH在上述范围内变化时是有利于乙醇型发酵的形成。HBu/HAc比率和EtOH/HAc比率随着pH的变化而变化,由此可见,pH对液相末端发酵产物具有明显的影响。EtOH/HAc(y)同pH(x)之间的线性方程可表述为$y = 1.453\,3x^2 - 11.324x + 23.079$($R^2 = 0.931\,3$)。本节得到的上述结果,在其他相关研究中并没有发现被讨论过。

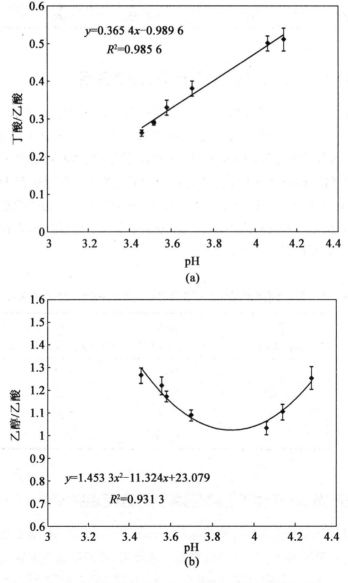

图5.8　不同pH条件下丁酸/乙酸和乙醇/乙酸的比率

5.3　CMISR 反应器厌氧发酵制取氢气和乙醇

本节利用糖蜜废水作为发酵底物,在前期 CMISR 反应器达到稳定的乙醇型发酵后,考察了有机负荷(OLR)的变化(8 ~ 40 kg/(m³·d))对 CMISR 反应器产氢及产乙醇的影响。本研究的目的是发展同时制取两种重要生物能源(氢能和乙醇)的一种新型发酵技术。

5.3.1　产氢及产乙醇

图 5.9 描述了不同有机负荷对 CMISR 反应器产氢和产乙醇效能的影响。当 OLR 在 8 ~ 40 kg/(m³·d) 范围内变化,氢气产率随着 OLR 的增加而增大,并在 OLR 为 32 kg/(m³·d) 时得到最大氢气产率 15.01 mmol/(h·L),最佳产乙醇速率为 23.25 mmol/(h·L),然而,当 OLR 继续增加到 40 kg/(m³·d) 时,CMISR 反应器内的氢气和乙醇产率开始下降。这说明,较高的 OLR 可以得到较大的氢气和乙醇产率,然而,过高的 OLR 会导致产氢和产乙醇菌群受到抑制。氢气和乙醇产率的变化可能是由于菌群结构和 OLR 不同造成的。

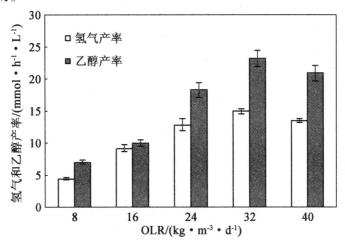

图 5.9　不同 OLR 条件下 CMISR 反应器的氢气和乙醇产率

5.3.2　液相末端发酵产物

如表 5.3 所示,在不同 OLR 条件下,乙醇都是主要的液相末端发酵产物,其含量占液相末端发酵产物的41% ~ 49.4%。其次含量最多的是乙酸和丁酸,分别占液相末端发酵产物的35.6% ~ 42.25%和8.4% ~ 21%。同时还检测到少量的丙酸。液相末端发酵产物的组分和含量表明,在不同 OLR 条件下,CMISR 反应器内的培养环境是有利于产氢的,因为在一个高效的产氢系统中,乙醇往往是占主导地位的液相发酵产物。当 OLR 为 40 kg/(m³·d) 时,CMISR 反应器的产氢量出现下降趋势(图 5.9),然而,反应器内仍然保持着乙醇型发醇,可见,较高的 OLR 并没有改变系统内微生物菌群结构,而是过高的 OLR 抑制了发酵产氢菌群的活性。

表 5.3   不同 OLR 条件下,CMISR 反应器液相末端发酵产物的组分及含量

OLR/(kg·m^{-3}·d^{-1})	乙醇/(mmol·h^{-1}·L^{-1})	乙酸/(mmol·h^{-1}·L^{-1})	丁酸/(mmol·h^{-1}·L^{-1})	丙酸/(mmol·h^{-1}·L^{-1})	TVFA/(mmol·h^{-1}·L^{-1})	SMP/(mmol·h^{-1}·L^{-1})	TVFA/SMP/%
8	7.04	6.12	3.7	0.33	10.15	17.19	59
16	10.08	9.79	3	0.3	13.09	23.17	56.4
24	18.33	15.16	3.13	0.52	18.81	37.14	50.6
32	23.25	17.67	5.54	0.55	23.76	47.01	50.5
40	20.95	16.22	5.06	0.53	21.81	42.76	51

如图 5.10 所示为 CMISR 反应器内氢气产率同乙醇产率的线性关系。在不同 OLR 条件下,氢气产率同乙醇产率呈现正相关。乙醇产率(y)同氢气产率(x)的线性方程可以表述为 $y = 1.601\ 2x - 1.702\ 1$($R^2 = 0.931\ 1$)。

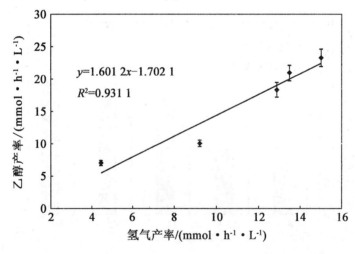

$y=1.601\ 2x-1.702\ 1$
$R^2=0.931\ 1$

图 5.10   CMISR 反应器中氢气产率同乙醇产率的线性关系

5.3.3   能量转化率

由于 CMISR 反应器能够制取出一定数量的气态和液态生物燃料(氢气和乙醇),通过两种生物燃料的能量燃烧值计算出本试验工艺的能量转化率。如表 5.4 所示,CMISR 反应器的能量转化率(Energy Conversion Rate, ECR)随着 OLR 由 8 kg/(m^3·d)增加到 32 kg/(m^3·d)而提高,并在 OLR 为 32 kg/(m^3·d)时,系统得到最大能量转化率为 36.05 kJ/(h·L)。

表 5.4　在不同 OLR 条件下,CMISR 反应器的氢气和乙醇产率以及产生的能量转化率

OLR /(kg·m^{-3}·d^{-1})	COD /(mg·L^{-1})	氢气产率 /(mmol·h^{-1}·L^{-1})	乙醇产率 /(mmol·h^{-1}·L^{-1})	能量转化率[a] /(kJ·h^{-1}·L^{-1})
8	2 000	4.46 ± 0.24	7.04 ± 0.33	10.89 ± 0.52
16	4 000	9.21 ± 0.6	10.08 ± 0.5	16.4 ± 0.85
24	6 000	12.88 ± 0.96	18.33 ± 1.12	28.72 ± 1.8
32	8 000	15.01 ± 0.36	23.25 ± 1.29	36.05 ± 1.86
40	10 000	13.5 ± 0.3	20.95 ± 1.2	32.47 ± 1.72

注　[a] 能量转化率 = 氢气产率(mol/(h·L)) × 286 kJ/mol 氢气 + 乙醇产率(mol/(h·L)) × 1 366 kJ/mol 乙醇

5.4　本章小结

基于上述试验结果可以得出:本研究利用污泥经好氧曝气驯化后,接种至新型连续流混合固定化污泥反应器(CMISR),可实现厌氧发酵生物制氢。当进水 COD 质量浓度控制在 2 000 mg/L 到 6 000 mg/L 范围内,HRT 为 6 h,可实现较高的氢气产量(1.09 m^3/(m^3·d))和较高的 COD 去除率(13%)。在发酵制氢系统中可通过 40 d 的运行达到乙醇型发酵代谢菌群成为优势代谢菌群,从而实现稳定的乙醇型发酵。

本研究同时还考察了 OLR 的变化对 CMISR 反应器产氢效能的影响。研究表明,当 OLR 为 32 kg/(m^3·d)时,CMISR 可得到最大氢气产率为 12.51 mmol/(h·L);当 OLR 为 16 kg/(m^3·d)时,CMISR 反应器可达到最大底物转化产氢量 130.57 mmol/mol。CMISR 反应器的能量转化率随着 OLR 由 8 kg/(m^3·d)增加到 32 kg/(m^3·d)而提高,并在 OLR 为 32 kg/(m^3·d)时,系统得到最大能量转化率为 36.05 kJ/(h·L)。这表明,CMISR 反应器可作为利用有机废水作为底物的厌氧发酵制氢反应器。然而,CMISR 反应器的更多商业价值和产业化应用需要进一步研究。

上编结论

为了探讨厌氧发酵制氢系统的产氢效能,首先采用间歇和连续流方式,考察了直接可控影响因素——温度和水力停留时间(HRT)对厌氧发酵生物系统产氢效能的影响,研究表明,当温度控制在 35 ℃时,厌氧发酵生物制氢系统内微生物的产氢代谢活性最高,系统分别得到最大氢气产率(5.74 L/(h·L))和产氢量(2.66 mol/mol)。另一方面,当 HRT 控制为 6 h 时,悬浮生长制氢系统产氢效能最大(产氢速率为 3.2 L/(h·L))。当 CSTR 反应器温度和水力停留时间(HRT)分别控制在 35 ℃和 6 h 时,pH 在 3.82~4.5 之间变化,ORP 稳定在 -350 mV,反应器可实现稳定的乙醇型发酵。在反应器稳定运行阶段,COD 去除率保持在 20% 左右,发酵气体中氢气的体积分数为 44.9%。本试验研究了利用生物反应器同时制取氢气和乙醇两种生物燃料的可行性。在 CSTR 反应器中,氢气产率和乙醇产率随着 OLR 由 8 kg/(m³·d)提高到 24 kg/(m³·d)而增加。然而,当 OLR 进一步提高到 32 kg/(m³·d)时,系统氢气和乙醇产率呈现出下降趋势。本研究得到的最大氢气产率和最大乙醇产率分别为 12.4 mmol/(h·L)和 20.27 mmol/(h·L)。这项研究还利用能量转换率(氢气和乙醇的热值作为基础),考察整体的生物过程的能源转化效率。利用糖蜜废水作为发酵底物,CSTR 反应器在 OLR 为 24 kg/(m³·d)时,系统得到最大能量转化率 31.23 kJ/(h·L)。

连续流附着生长制氢系统在污泥接种量为 17.74 g/L,温度为 35 ℃,HRT 为 6 h,OLR 在 8~24 kgCOD/(m³·d)范围内,可在 22 d 内达到连续稳定产氢。此时,液相末端发酵产物中,乙醇和乙酸的含量占挥发酸总量的 89%,为典型的乙醇型发酵类型,产气量和产氢量分别为 10.6 L/d 和 5.9 L/d 左右。由于颗粒活性炭具有一定的吸附能力,连续流附着生长制氢系统在低负荷条件下运行时,微生物会以吸附在载体上的有机底物进行发酵代谢,而负荷迅速提高后,颗粒活性炭对有机物的吸附使连续流附着生长制氢系统具有一定的抗负荷冲击能力。连续流附着生长制氢系统也可在较低的 pH 条件下运行,然而,系统耐低 pH 的能力是有限的。对于连续流附着生长制氢系统而言,降低有机负荷和向进水投加 NaOH 是提高系统 pH 的两种有效方式。

试验表明,连续流附着生长制氢系统具有生产生物燃料(氢气和乙醇)的可行性。CSTR 生物制氢系统中,随着 OLR 从 8 kg/(m³·d)提高到 24 kg/(m³·d),氢气产率和乙醇产率也随之提高。试验阶段得到的最大氢气产率和乙醇产率分别为 10.74 mmol/(h·L)和 11.72 mmol/(h·L)。本试验把产能速率(产生的氢气和乙醇的热值)作为评价整个生化过程产能效能指标。利用糖蜜为底物,有机负荷 24 kg/(m³·d)的条件下,CSTR 生物制氢系统得到的最高产能速率为 19.08 kJ/(h·L)。乙醇产率(y)和氢气产率(x)的关系表达式为 $y = 1.536\ 5x - 5.054$($R^2 = 0.975\ 1$)。乙醇/乙酸的比值接近 1 时,氢气产率最大。

本研究利用污泥经好氧曝气驯化后,接种至新型连续流混合固定化污泥反应器(CMISR),可实现厌氧发酵生物制氢。当进水 COD 质量浓度控制在 2 000 mg/L 到 6 000 mg/L 范围内,HRT 为 6 h,可实现较高的氢气产量(1.09 m³/(m³·d))和较高的 COD 去除率(13%)。在发酵制氢系统中可通过 40 d 的运行达到乙醇型发酵代谢菌群成为优势代谢菌群,从而实现稳定的乙醇型发酵。同时还考察了 OLR 的变化对 CMISR 反应器产氢效能的影响。研究表明,当 OLR 为 32 $kg/(m^3 \cdot d)$ 时,CMISR 可得到最大氢气产率为 12.51 $mmol/(h \cdot L)$;当 OLR 为 16 $kg/(m^3 \cdot d)$ 时,CMISR 反应器可达到最大底物转化产氢量为130.57 mmol/mol。这表明,CMISR 反应器可作为利用有机废水作为底物的厌氧发酵制氢反应器。然而,CMISR 反应器的更多商业价值和产业化应用还需要进一步研究。

参考文献

［1］ "十五"国家高技术发展计划能源技术领域专家委员会. 能源发展战略研究［M］. 北京:化学工业出版社,2004.

［2］ MOHAN S V, MOHANAKRISHNA G, RAMANAIAH S V, et al. Simultaneous biohydrogen production and wastewater treatment in biofilm configured anaerobic periodic discontinuous batch reactor using distillery wastewater［J］. International Journal of Hydrogen Energy, 2008, 33(2):550-558.

［3］ 黄韧, 薛成. 生物信息学——网络资源与应用［M］. 广州:中山大学出版社, 2003.

［4］ YAMADA A, TAKANO H, BURGESS J G, et al. Enhanced hydrogen hydrogen production by a marine photosynthetic baterium, rhodobacter marimus, immobilized onto light-diffusing optical fibers［J］. J. Mar. Biotechnol., 2006(4):23-27.

［5］ REN N Q, CHUA H, CHAN S Y, et al. Assessing optimal fermentation type for bio-hydrogen production in continuous-flow acidogenic reactors［J］. Bioresource Technology, 2007, 98: 1774-1780.

［6］ BAGHCHEHSARAEE B, NAKHLA G, KARAMANEV D, et al. Fermentative hydrogen production by diverse microflora［J］. Int. J. Hydrogen Energy, 2010,35:5021-5027.

［7］ ZURRER H, BACHOFEN R. Hydrogen energy production by the photosynthetic bacterium rhodospirillum rubrum［J］. Appl. Environ. Midrobiol., 2006, 37(5): 789-793.

［8］ WANG L, ZHOU Q, LI F T. Avoiding propionic acid accumulation in the anaerobic process for biohydrogen production［J］. Biomass and Bioenergy, 2006,30:177-182.

［9］ OH Y K, SEOL E H, KIM J R, et al. Fermentative biohydrogen production by a new chemoheterotrotrophic bacterium *Citrobacter* sp. Y 19［J］. Int. J. Hydrogen Energy, 2003, 28:1353-1359.

［10］ FANG H H P, LIU H. Effect of pH on hydrogen production from glucose by a mixed culture［J］. Bioresour. Technol., 2009,82: 87-93.

［11］ CHANG J S, LEE K S, LIN P J. Biohydrogen production with fixed-bed bioreactors［J］. Int. J. Hydrogen Energy, 2002, 27:1167-1174.

［12］ GADHAMSHETTY V, JOHNSON D C, NIRMALAKHANDAN N, et al. Feasibility of biohydrogen production at low temperatures in unbuffered reactors［J］. International Journal of Hydrogen Energy, 2009, 34(3):1233-1243.

［13］ WU S Y, LIN C N, CHANG J S. Hydrogen production with immobilized sewage sludge in Three-Phase Fluidized-Bed Bioreactors[J]. Biotechnol Bioeng. , 2004, 87:648-657.

[14] 国家环境保护总局,《水和废水检测分析方法》编委会. 水和废水检测分析方法[M]. 4 版. 北京:中国环境科学出版社, 2002.

[15] 布坎南, 吉本斯. 伯杰氏细菌鉴定手册[M]. 8 版. 北京:科学出版社, 1984.

[16] PRAKASHAM R S, BRAHMAIAH P B, SATHISH T, et al. Sambasiva rao, fermentative biohydrogen production by mixed anaerobic consortia: impact of glucose to xylose ratio [J]. International Journal of Hydrogen Energy, 2009, 34(23):9354-9361.

[17] KOTAY S M, DAS D. Biohydrogen as a renewable energy resource-prospects and potentials[J]. Int. J. Hydrogen Energy, 2008, 33: 258-263.

[18] KIM J K, HAN G H, B R, et al. Volumetric scale-up of a three stage fermentation system for food waste treatment[J]. Bioresour. Technol. , 2008, 99: 4394-4399.

[19] HORIUCHI J I, SHIMIZU T, TADA K, et al. Selective production of organic acids in anaerobic acid reactor by pH control[J]. Bioresour. Technol. , 2009, 82:209-213.

[20] LIN C Y, CHANG R C. Hydrogen production during the anaerobic acidogenic conversion of glucose[J]. J. Chem. Technol. Biotechnol. , 1999, 74:498-500.

[21] REN N, LI J, LI B, et al. Biohydrogen production from molasses by anaerobic fermentation with a pilot-scale bioreactor system[J]. International Journal of Hydrogen Energy, 2006, 31: 2147-2157.

[22] DING J, WANG X, ZHOU X, et al. CFD optimization of continuous stirred-tank (CSTR) reactor for biohydrogen production[J]. Bioresource Technology, 2010, 101 (18):7005-7013.

[23] 王修垣, 谢树华. 有斜面法分离厌氧细菌微生物[J]. 微生物学通报, 1994, 21(2): 119-120.

[24] LIN C Y, LAY C H. Effects of carbonate and phosphate concentrations on hydrogen production using anaerobic sewage sludge microflora[J]. Int. J. Hydrogen Energy, 2004, 29: 275-281.

[25] 卢圣栋. 现代分子生物学实验指南[M]. 北京:中国协和医科大学出版社, 2004.

[26] PALAZZI E, FABIANO B, PEREGO P. Process development of continuous hydrogen production by enterobacter aerogenes in a packed column reactor[J]. Bioprocess Engineering, 2010, 22: 205-211.

[27] BASSAM B J, CAETANO G A, GRESSHOFF P M. Fast and sensitive silver staining of DNA in polyacrylame gels[J]. Anal. Biochem. , 1991, 196: 80-83.

[28] 刘艳玲. 两相厌氧系统底物转化规律与群落演替的研究[D]. 哈尔滨:哈尔滨工业大学, 2001.

[29] KUMAR N, DAS D. Enhancement of hydrogen production by enterobacter cloacae IIT – BTO8[J]. Proc. Biochem. , 2010, 35: 589-593.

[30] 林明. 高效产氢发酵新菌种的产氢机理及生态学研究[D]. 哈尔滨:哈尔滨工业大学, 2002.

[31] 东秀珠, 蔡妙英. 常见细菌系统鉴定手册[M]. 北京:科学出版社, 2001.

[32] LEE D Y, LI Y Y, OH Y K, et al. Effect of iron concentration on continuous H_2 production using membrane bioreactor[J]. Int. J. Hydrogen Energy, 2009, 34(3): 1244-1252.

[33] 邹喻苹, 葛颂, 王晓东. 系统与进化植物学中的分子标记[M]. 北京:科学出版社, 2002.

[34] YANG H, SHAN P, LU T, et al. Continuous bio-hydrogen production from citric acid wastewater via facultative anaerobic bacteria[J]. Int. J. Hydrogen Energy, 2009, 31 (10):1306-1313.

[35] WANG X J, REN N Q, XIANG W S. Magnesium improve hydrogen production by a novel hydrogen-producing bacterial strain B49[J]. J. Harbin. Ins. Techno. , 2005, 12 (2): 164-168.

[36] 丁杰, 任南琪, 刘敏,等. Fe 和 Fe^{2+} 对混合细菌产氢发酵的影响[J]. 环境科学, 2004, 25(4): 48-53.

[37] ZHANG Y F, LIU G Z, SHEN J Q. Hydrogen production in batch culture of mixed bacteria with sucrose under different iron concentrations[J]. Int. J. Hydrogen Energy, 2009, 30:855-860.

[38] LIN C Y, LAY C H. Carbon/nitrogen effects on fermentative hydrogen production by mixed microflora[J]. Int. J. Hydrogen Energy, 2004, 29: 41-45.

[39] WOODWARD J, ORR M, CORDRAY K, et al. Enzymatic production of biohydrogen [J]. Nature, 2010, 405: 1014-1015.

[40] LEE Z K, LI S L, LIN J S, et al. Effect of pH in fermentation of vegetable kitchen wastes on hydrogen production under a thermophilic condition[J]. Int. J. Hydrogen Energy, 2008, 33(19): 5234-5241.

[41] MATSUNAGA T, TSURU S, SUZUKI S. Continuous hydrogen production by immobilized whole cells of clostridium butyricum[J]. Biochim. Biophys. Acta. , 1976, 444(2): 338-343.

[42] 秦智. 生物制氢反应器发酵类型控制对策及生物强化作用[D]. 哈尔滨:哈尔滨工业大学,2003.

[43] SHOW K Y, ZHANG Z P, TAY J H, et al. Production of hydrogen in a granular sludge-

based anaerobic continuous stirred tank reactor[J]. Int. J. Hydrogen Energy, 2009, 32 (18):4744-4753.

[44] NAKAMURA H, MMCHIMURA M. Photohydrogen production and nitrogenase activity in some hetercystous cynobacteria[J]. Biohydrogen II Elsevier Science, 2001: 63-66.

[45] KERBY R L, LUDDEN P W, ROBERT G P. Carbon monoxide dependent growth of rhodospirillum rubrum[J]. J. Bacteriol. , 1995, 177: 2241-2244.

[46] ZHENG H, ZENG R J, ANGELIDAKI I. Biohydrogen production from glucose in upflow biofilm reactors with plastic carriers under extreme thermophilic conditions (70 ℃)[J]. Biotechnol. Bioeng. , 2008,100(5):1034-1038.

[47] TSYGANKOV A A, HIRATA Y, MIYAKE M, et al. Photobioreactor with photosynthetic bacteria immobilized on porous glass for hydrogen photoproduction[J]. J. Ferment Bioeng. , 1994, 77: 575-578.

[48] WANG Y, MU Y, YU H Q. Comparative performance of two upflow anaerobic biohydrogen-producing reactors seeded with different sludges [J]. Int. J. Hydrogen Energy, 2007, 32(8):1086-1094.

[49] ZHANG Z P, TAY J H, SHOW K Y, et al. Biohydrogen production in a granular activated carbon anaerobic fluidized bed reactor[J]. Int. J. Hydrogen Energy, 2007, 32 (2):185-191.

[50] COLLET C, ADLER N, SCHWITZGULEBE J P, et al. Hydrogen production by clostridium thermolacticum during continuous fermentation of lactose [J]. Int. J. Hydrogen Energy, 2004, 29:1479-1485.

[51] TASHINO S. Fseasibility study of biological hydrogen production from sugar cane by fermentation[J]. Hydrogen Energy Progress XI Proceedings of 11th WHTC, Stuttgart, 1996 (3): 2601-2606.

[52] STEPHANOPOULOS G N, ARDTIDOU A A, NIELSEN J. 代谢工程原理与方法[M]. 赵学明, 白冬梅,译. 北京:化学工业出版社, 2004.

[53] KAWAGUCHI H, HASHOMOTO K, HIRATA K, et al. H₂ production from agal bimass by mixed culture of rhodobium marinum A－501 and lacterbacillus amylovorus[J]. J. Biosci. Bioeng. , 2011, 91(3): 277-282.

[54] OH Y K, SEOL E H, LEE E Y, et al. Fermentative hydrogen production by a new chemoheterotrophic bacterium rhodopseudomonas palustris P₄[J]. Int. J. Hydrogen Energy, 2009, 27: 1373-1379.

[55] 王勇, 任南琪, 孙寓娇. Fe 对产氢发酵细菌发酵途径及产氢能力的影响[J]. 太阳能学报, 2003, 24(2): 222-226.

[56] LIN C Y, LAY C H. Effects of carbonate and phosphate concentrations on hydrogen production using anaerobic sewage sludge microflora[J]. Int. J. Hydrogen Energy, 2004, 29: 275-281.

[57] 王相晶. 发酵产氢细菌 B49 生理特性及其固定化应用研究[D]. 哈尔滨:哈尔滨工业大学, 2003.

[58] KIM S H, HAN S K, SHIN H S. Effect of substrate concentration on hydrogen production and 16S rDNA-based analysis of the microbial community in a continuous fermentor[J]. Process Biochem. , 2009, 41(1): 199-207.

[59] DAVILA V G, COTA N C B, ROSALES C L M, et al. Continuous biohydrogen production using cheese whey: improving the hydrogen production rate[J]. International Journal of Hydrogen Energy, 2009, 34(10):4296-4304.

[60] ZHANG Z P, SHOW K Y, TAY J H, et al. Rapid formation of hydrogen-producing granules in an anaerobic continuous stirred tank reactor induced by acid incubation[J]. Biotechnol. Bioeng. , 2011, 96(6):1040-1050.

[61] LINDBLAD P, CHRISTENSSON K, LINDBERG P, et al. Photoproduction of H_2 by wildtype anabaena PCC 1720 and a hydrogen uptake deficient mutant: from laboratory to outdoor culture[J]. Int. J. Hydrogen Energy, 2002, 27:1271-1281.

[62] 李建政. 有机废水发酵法生物制氢技术研究[D]. 哈尔滨:哈尔滨工业大学,1999.

[63] KONDO T, ARAWAKA M, WAKAYAMA T, et al. Hydrogen production by combining two types of photosynthetic bacteria with different characteristics[J]. Int. J. Hydrogen Energy, 2011, 27:1303-1308.

[64] 李建政, 任南琪, 林明, 等. 有机废水发酵法生物制氢中试研究[J]. 太阳能学报, 2002, 23(2): 252-256.

[65] 李白昆. 有机废水发酵法产氢原理研究——产氢细菌产氢机理和能力[D]. 哈尔滨:哈尔滨工业大学,1995.

[66] LAY J J. Modelling and optimization of anaerobic digested sludge converting starch to hydrogen[J]. Biotechnol. Bioeng. , 2010, 68(3):269-278.

[67] REN N Q, WANG B Z, HUANG J L. Ethanol-type fermentation from carbohydrate in high rate acidogenic reactor[J]. Biotechnol. Bioeng. , 2007, 54: 428-433.

[68] KADAR Z, DE V T, VAN N G E, et al. Yields from glucose, xylose, and paper sludge hydrolysate during hydrogen production by the extreme thermophile caldicellulosiruptor saccharolyticus[J]. Appl. Biochem. Biotech. , 2004, 113(16): 497-508.

[69] 方宣钧, 吴为人, 唐纪良. 作物 DNA 标记辅助育种[M]. 北京:科学出版社, 2002.

[70] 王爱杰, 任南琪. 环境中的分子生物学诊断技术[M]. 北京:化学工业出版社,

2004.

[71] MANISH S, BANERJEE R. Comparison of biohydrogen production processes[J]. Int. J. Hydrogen Energy, 2008, 33:279-286.

[72] CHEN W M, TSENG Z J, LEE K S, et al. Fermentative hydrogen production with clostridium butyricum CGS5 isolated from anaerobic sewage sludge[J]. Int. J. Hydrogen Energy, 2007, 30:1063-1070.

[73] 托雷斯,沃伊特. 代谢工程的途径分析与优化[M]. 修志龙,腾虎,译. 北京:化学工业出版社,2009.

[74] 张克旭,陈宁,张蓓,等. 代谢控制发酵[M]. 北京:中国轻工业出版社,2000.

[75] CHEN W H, CHEN S Y, KHANAL S K, et al. Kinetic study of biological hydrogen production by anaerobic fermentation[J]. Int. J. Hydrogen Energy, 2009, 31: 2170-2178.

[76] GAVALA H N, SKIADAS I V, AHRING B K. Biological hydrogen production in suspended and attached growth anaerobic reactor systems[J]. Int. J. Hydrogen Energy, 2006, 31: 1164-1175.

[77] POLLE J E W, JIN S, KANAKAGIRL E, et al. A truncated chlorophyll antenna size of the photosystems-a practical method to improve microalgal productivity and hydrogen production in mass culture[J]. Int. J. Hydrogen Energy, 2002, 27:1257-1264.

[78] LIN C Y, CHENG C H. Fermentative hydrogen production from xylose using anaerobic mixed microflora[J]. Int. J. Hydrogen Energy, 2006, 31:832-840.

[79] MELIS T. Green alga production: process, challenges, and prospects[J]. Int. J. Hydrogen Energy, 2009, 27:1217-1228.

[80] 张元兴,许学书. 生物反应器工程[M]. 上海:华东理工大学出版社,2001.

[81] KO I B, NOIKE T. Use of blue optional filters for suppression of growth of algae in hydrogen producing non-axenic cultures of rhodobacter sphaeroides RV[J]. Int. J. Hydrogen Energy, 2002, 27:1297-1302.

[82] UENO Y, OTAUKA S, MORIMOTO M. Hydrogen production from industrial wastewater by anaerobic microflora in chemostat culture[J]. J. Ferment Bioeng., 1996, 82:194-197.

[83] JOUANNEAU Y, LEBECQUE S, VIGNAIS P M. Ammpnia and light effect on nitrogenase activity in nitrogen-limited continuous cultures of rhodopseudomonas capsulata: role of glutamate synthetase[J]. Arch. Microbiol., 1984, 119: 326-331.

[84] 李建政,蒋凡,郑国臣. ABR 发酵产氢系统的控制运行及产氢效能[J]. 环境科学学报,2010, 30(1):79-87.

[85] CHADIWICH L J, IRGENS R L. Continuous fermentative hydrogen production from su-

crose and sugarbeet[J]. Applied Environmental Microbiology, 2011, 57 (6): 594-595.

[86] WORSE C R, KANDLER O, WHEELIS M L. Towards a natural system of organisma: proposal of the domains archaea, bacteria, and eucayao[J]. Proc. Natl. Acad. Sci., 87: 4576-4579.

[87] BROSSEAU J D, ZAJIC J E. Hydrogen-gas production with citrobacter intermedius and clostridium pasteuianum[J]. J. Chem. Tech. Biotechnol., 1982, 32: 496-502.

[88] LEE K S, LO Y C, LIN P J, et al. Improving biohydrogen production in a carrier-induced granular sludge bed by altering physical configuration and agitation pattern of the bioreactor[J]. Int. J. Hydrogen Energy, 2009, 31(12): 1648-1657.

[89] TASHINO S, SUZUK Y, WAKAO N. Fermentative hydrogen evolution by enterobacter aerogenes strain E. 82005[J]. Int. J. Hydrogen Energy, 1987, 12(9): 623-627.

[90] RACHMAN M A, NAKASHIMADA Y, EAHIZONO T, et al. Hydrogen production with high yield and high evolution rate by self-flocculated cells of enterobacter aerogenes in a packed-bed reactor[J]. Appl. Microbiol. Biotechnol., 2008, 49:450-454.

[91] KUMAR N, DAS D. Continuous hydrogen production by immobilized enterobacter cloacae IIT – BT 08 using lignocellulosic material as solid matrices[J]. Enzyme Microbiol. Technol., 2001, 29: 280-287.

[92] JUNG G Y, KIM J R, PARK J Y, et al. Hydrogen production by a new chemoheterotrophic bacterium *Citrobacter* sp. 19[J]. Int. J. Hydrogen Energy, 2002, 27: 601-610.

[93] KUMAR N, DAS D. Enhancement of hydrogen production by enterobacter cloacae II T – 08[J]. Process Biochemistry, 2010, 35: 589-593.

[94] TANISHO S, ISHIWATA Y. Continuous hydrogen production from molasses by fermentation using urethane foam as a support of flocks[J]. Int. J. Hydrogen Energy, 1995, 20 (7):541-545.

[95] AKUTSU Y, LI Y Y, HARADA H, et al. Effects of temperature and substrate concentration on biological hydrogen production from starch[J]. Int. J. Hydrogen Energy, 2009, 34:2558-2566.

[96] YOKOI H, OHKAWARA T, HIROSE J, et al. Hydrogen production by immobilized cells of aciduic enterobacter aerogenes strain HO – 39[J]. J. Ferment. Bioeng., 1997, 83(5): 481-484.

[97] YOKOI H, MAEDA Y, HIROSE J. H_2 production by immobilization cells of clostridium butyricum on porous glass beads[J]. Biotechnology Techniques, 1997, 11(6): 431-433.

[98] KUMAR N, DAS D. Biological hydrogen production in a packed bed reactor using agro-

residues as solid matrices[J]. Proceedings of the 13th World Hydrogen Energy Conference, 2010: 364-369.

[99] TAGUCHI F, MIZUKAM N, SAITI T T, et al. Hydrogen production from continuous fermentation of xylose during growth of *Colstridium* sp. No. 2. Can[J]. J. Microbiol., 1995, 41: 536-540.

[100] MINNAN L, JINLI H, XIAOBIN W, et al. Isolation and characterization of a high H_2 – producing strain klebsiella oxytoca HP1 from a hot spring[J]. Research in Microbiology, 2009, 156: 76-81.

[101] ZHAO Q B, YU H Q. Fermentative H_2 production in an upflow anaerobic sludge blanket reactor at various pH values[J]. Bioresour Technol., 2008, 99(5):1353-1358.

[102] YOKOI H, MAKI R, HIROSE J, et al. Microbioal production of hydrogen from starch-manufactureing wastes[J]. Biomass and Bioenergy, 2011, 22(5): 389-395.

[103] MIZUNO O, DINSDALE R, HAWKES F R, et al. Enhancement of hydrogen production from glucose by nitrogen gas sparging[J]. Bioresour Technol., 2010, 73: 59-65.

[104] SUZUKI S, KARUBE I, MATSUNAGA T, et al. Fermentative hydrogen production [J]. Biochimie., 1980, 62:353-355.

[105] TASHINO S, WAKAO N, KOSAKO Y. Biological hydrogen production by enterobacter aerogenes[J]. J. Chem. Eng. of Japan, 1983, 16(6):529-530.

[106] 任南琪, 林明, 马汐萍, 等. 厌氧高效产氢细菌的筛选及其耐酸性研究[J]. 太阳能学报, 2003, 24(1): 80-84.

[107] MONMOTO M, ATSUKA M, et al. Biological production of hydrogen from glucose by natural anaerobic microflora[J]. Int. J. Hydrogen Energ., 2004, 29:709-713.

[108] 贾士儒. 生物反应工程原理[M]. 北京:科学出版社, 2002.

[109] YU H Q, HU Z H, HONG T Q. Hydrogen production from rice winery wastewater by using a continuously stirred reactor[J]. J. Chem. Eng. Jpn., 2003, 36: 619-626.

[110] HAN S K, SHIN H S. Biohydrogen production by anaerobic fermentation of food waste [J]. Int. J. Hydrogen Energ., 2010, 29:569-577.

[111] LOGAN B E. Biological hydrogen production measured in batch anaerobic respirometers [J]. Environ. Sci. Technol., 2002, 36:2530-2535.

[112] HUSSY I, HAWKES F R, DINSDALE R, et al. Continuous fermentative hydrogen production from a wheat starch co-product by mixed microflora[J]. Biotechnol. Bioeng., 2003, 84: 619-626.

[113] FARDEAU M L, OLLIVIER B, GARCIA J L, et al. Transfer of thermobacteroides leptospartum and clostridium thermolacticum as clostridium stercorarium subsp[J]. Int. J.

Syst. Evol. Microbiol. , 2011, 51:1127-1131.

[114]　 WU J H, LIN C W. Biohydrogen production by mesophilic fermentation of food wastewater[J]. Water Sci. Technol. , 2004, 49: 223-228.

[115]　 WANG C C, CHANG C W, CHU C P, et al. Producing hydrogen from wastewater sludge by clostridium bifermentans[J]. J. Biotechnol. , 2011, 102(1):83-92.

[116]　 ANGENENT L T, KARIM K, AL D M H, et al. Domiguez-espinosa, production of bioenergy and biochemicals from industrial and agricultural wastewater[J]. TRENDS in Biotechnology, 2004, 22 (9): 477-485.

[117]　 FABIANO B, PEREGO P. Thermodynamic study and optimization of hydrogen production by enterobacter aerogenes[J]. Int. J. Hydrogen Energ. , 2002, 27: 149-156.

[118]　 NANDI R, SENGUPTA S. Microbial production of hydrogen: an overview[J]. Crit Rev. Microbiol. , 1998, 24(1):61-84.

[119]　 TALABARDON M, SCHWITZGULEBEL J P, PLERINGER P, et al. Acetic acid production from lactose by an anaerobic thermophilic coculture immobilized in a fibrous-bed bioreactor[J]. Biotechnol. Prog. , 2000, 16(6):1008-1017.

[120]　 KISAALITA W S, LO K V. Kinetics of whey-lactose acidogenesis[J]. Biotechnol. Bioeng. , 1989, 33:623-30.

[121]　 DESVAUX M, GUEDON E, PETITDEMANGE H. Metabolic cux in cellulose batch and cellulose-fed continuous cultures of clostridium cellulolyticum in response to acidic environment[J]. Microbiology, 2011, 147:1461-1471.

[122]　 DE C B, DRIES D, VERSTRAETE W, et al. The effect of the hydrogen partial pressure on the metabolite pattern of lactobacillus casei, escherichia coli and clostridium butyricum[J]. Biotechnol. Lett. , 1989, 11(8): 583-588.

[123]　 LE P R, DUBOURGUIER H C, ALBAGNAC G. Characterization of clostridium thermolacticum sp. nov. a hydrolytic thermophilic anaerobe producing high amounts of lactate [J]. Syst. Appl. Microbiol. , 1985, 6(2):196-202.

[124]　 TALABARDON M, SEHWITZGULEBEL J P, PLERINGER P. Anaerobic thermophilic fermentation for acetic acid production from milk permeate[J]. J. Biotechnol. , 2000, 76(1):83-92.

[125]　 JONES R P, GREENFIELD P F. Effect of carbon dioxide on yeast growth and fermentation[J]. Enzyme Microbiol. Technol. , 1982(4): 210-223.

[126]　 EVVYERNIE D, MORIMOTO K, KARITA S. et al. Conversion of chitinous wastes to hydrogen gas by clostridium paraputrificum M - 21[J]. J. Biosci. Bioeng. , 2001, 91 (4): 339-343.

[127] FRICK R, JUNKER B. Indirect methods for characterization of carbon dioxide levels in fermentation broth[J]. J. Biosci. Bioeng., 1999, 87(3):344-351.

[128] KATAOKA N, MIYA A, KIRIYAMA K. Studies on hydrogen production by continuous culture system of hydrogen producing anaerobic bacteria[J]. Water Sci. Technol., 1997, 36(6-7):41-47.

[129] JUNGERMANN K, THAUER R K, LEIMENSTOLL G, et al. Function of reduced pyridine nucleotide-ferredoxin oxidoreductases in saccharolytic clostridia[J]. Biochim. Biophys. Acta., 1973, 305(2): 268-280.

[130] SAINT S, GIRBAL L, ANDRADE J, et al. Regulation of carbon and electron cow in clostridium butyricum VPI 3266 grown on glucose-glycerol mixtures[J]. J. Bacteriol., 2011, 183(5):1748-1754.

[131] SRIDHAR J, EITEMAN M A, WIEGEL J W. Elucidation of enzymes in fermentation pathways used by clostridium thermosuccinogenes growing on inulin[J]. App. Environ. Microbiol., 2000, 66(1):246-251.

[132] CHEN C C, LIN C Y, CHANG J S. Kinetics of hydrogen production with continuous anaerobic cultures utilizing sucrose as the limiting substrate[J]. Appl. Microbiol. Biotechnol., 2001, 57(1-2):56-64.

[133] LEE Y J, MIYAHARA T, NOIKE T. Effect of pH on microbial hydrogen fermentation [J]. J. Chem. Technol. Biotechnol., 2009, 77(6):694-698.

[134] SPARLING R, RISBEY D, POGGI V H M. Hydrogen production from inhibited anaerobic composters[J]. Int. J. Hydrogen Energy, 1997, 22(6):563-566.

[135] YOKOI H, TOKUSHIGE T, HIROSE J, et al. H_2 production from starch by a mixed culture of clostridium butyricum and enterobacter aerogenes[J]. Biotechnol. Lett., 1998, 20:143-147.

[136] VAN J G, ZOUTBERG G R, CRABBENDAM P M, et al. Glucose fermentation by clostridium butyricum grown under a self generated gas atmosphere in chemostat culture[J]. Appl. Microbiol. Biotechnol., 1985, 23:21-26.

[137] LEE K S, LO Y S, LO Y C, et al. H_2 production with anaerobic sludge using activated-carbon supported packed-bed bioreactors[J]. Biotechnol. Lett., 2009, 25:133-138.

[138] PALAZZI E, FABIANO B, PEREGO P. Process development of continuous hydrogen production by enterobacter aerogenes in a packed column reactor[J]. Bioprocess Eng., 2010, 22:205-213.

[139] NAKASHIMADA Y, RACHMAN M A, KAKIZONO T, et al. Hydrogen production of enterobacter aerogenes altered by extracellular and intracellular redox states[J]. Int. J.

Hydrogen Energy, 2002, 27:1399-1405.

[140] ARUANA R B, EDUARDO L C, CRISTIANE M R, et al. Biohydrogen production in anaerobic fluidized bed reactors: effect of support material and hydraulic retention time [J]. International Journal of Hydrogen Energy, 2010, 35(8):3379-3388.

[141] THOMAS A, IOANNIS A F, NIKOLAOS T, et al. Biohydrogen production from pig slurry in a CSTR reactor system with mixed cultures under hyper-thermophilic temperature (70 ℃)[J]. Biomass and Bioenergy, 2009, 33(9):1168-1174.

[142] KIM J D, PARK J S, IN B H, et al. Evaluation of pilot scale in vessel composting for food waste treatment[J]. J. Hazardous Mater, 2008,154: 272-277.

[143] YU H Q, FANG H H P. Acidification of mid-and high-strength dairy wastewaters[J]. Water Res. , 2001, 35(15):3697-3705.

[144] 宫曼丽, 任南琪, 李永峰, 等. 生物制氢反应器不同发酵类型产氢能力的比较[J]. 哈尔滨工业大学学报, 2006, 38(11): 1826-1830.

[145] DE A D M, COSTA S C. Genotyping of human cytomegalovirus using non-radioactive single strain conformation polymoyphyism (SSCP) analysis[J]. J. Virol. Methods, 2003, 110(1): 25-28.

[146] VINCENZINI M, MATERASSI R, TREDICI M R, et al. Hydrogen production by immobilized cells-Ⅱ H_2 photoevolution and waste water treatment by agar-entrapped cells of rhodopseudomonas palustris and rhodospirillum molischianum[J]. Int. J. Hydrogen Energy. , 2007, 7(9):725-728.

[147] 任南琪. 有机废水处理生物产氢原理与工程控制对策研究[D]. 哈尔滨:哈尔滨工业大学,1993.

[148] HALLENBECK P, BENEMANN J R. Biological hydrogen production: fundamentals and limiting processes[J]. Int. J. Hydrogen Energy, 2011, 27:1185-1194.

[149] 林明, 任南琪, 马汐萍, 等. 产氢发酵细菌培养基的选择和改进[J]. 哈尔滨工业大学学报, 2003, 35(4): 398-402.

[150] 任南琪, 王宝贞. 有机废水发酵法生物制氢技术原理与方法[M]. 哈尔滨:黑龙江科技出版社, 1994.

[151] PINTC F A L, TROSHINA O, PETER L. A brief look at three decades of research on cyanobacterial hydrogen evolution[J]. Int. J. Hydrogen Energy, 2011, 27: 1209-1215.

[152] AZBAR N, KESKIN T, COKAY C E. Improvement in anaerobic degradation of olive mill effluent (OME) by chemical pretreatment using batch systems[J]. Biochem. Eng. J. , 2008, 38: 379-383.

［153］ 李建政，汪群惠. 废物资源化与生物能源［M］. 北京:化学工业出版社,2004.

［154］ LEE D Y, LI Y Y, NOIKE T. Continuous H_2 production by anaerobic mixed microflora in membrane bioreactor［J］. Bioresour. Technol. , 2009, 100 (2): 690-695.

［155］ 任南琪，王爱杰. 厌氧生物技术原理与应用［M］. 北京:化学工业出版社,2004.

［156］ FRANCOU N, VIGNAIS P M. Hydrogen production by rhodopsundomonas cell entrapped in carrageenan beads［J］. Biotechnol. Lett. , 1984(6):39-44.

［157］ 丁杰. 金属离子和半胱氨酸对产氢能力的影响及调控对策研究［D］. 哈尔滨:哈尔滨工业大学,2005.

中　编

生物制氢系统的负荷冲击与
活性污泥强化恢复作用

第6章　生物制氢系统绪论

6.1　研究背景

近些年来,随着石油资源日趋严重不足,人类将面临着能源供应短缺、燃料安全和环境污染压力的严峻挑战。因此,各国都在加速新能源的研究开发利用。我国的"十二五"规划也将能源的开发利用置于重点领域的首位,"十二五"时期是我国现代化进程最快的时期,伴随着巨大的人口数量和持续的经济发展压力,环境污染的风险进一步加剧,环境污染问题成为全国性突出的环境问题之一。当今社会的竞争不只是经济和人才的竞争,同时也是能源的竞争。寻找和开发新能源引起了国际社会的广泛关注,而关注的焦点也大多集中在可再生资源的开发和竞争、环境安全以及可再生资源高效利用等可持续发展问题。

中国在努力保持经济持续发展和人民生活水平提高的同时,已经面临着越来越大的减排压力。2010年,中国的 CO_2 排放量为83亿t,是世界第一排放大国。我国是一个"多煤、少气、缺油"的国家,煤炭是我国最主要的能源,能源日益短缺的大背景下,以寻求新能源减少碳排放量为途径,为解决全球气候变暖和石油短缺等问题,走可持续发展道路。寻求新能源是当今时代全人类需要共同面对的严峻问题,这一理念与全面建设和谐稳定的社会是相一致的。所以大力发展科技先导型、资源节约型、环境保护型的新型能源,已成为全世界迫切需要解决的难题。

新能源开发利用这一研究领域,氢气是一种十分理想的载能体,氢气具有燃烧无二次污染、高效、可再生性等突出的特点,使得生物制氢的产业化进程备受世人的关注。随着能源与环境问题的日趋严重,氢能的研究日益受到重视。1997年联合国能源组织发起了由多个发达国家参与的"氢能执行合约",将氢能的研究推向国际化,希望能开创氢能经济的新时代,也分别在1990年、1996年和2003年通过了关于氢能研究的法规,日本的欧共体也启动了相关的项目,加强氢能源的研究。所以,氢气作为一种理想的"绿色能源",发展前景十分光明,人们对氢能源开发利用技术的研究也一直进行着不懈的努力。

100多年以前,科学家们发现蚁酸钙在微生物的作用下可以从水中制取氢气,而世界性的能源危机爆发,使得生物制氢的可行性研究受到高度重视。生物制氢技术最早由Gaffrom和Rubin两人提出并展开了相关的研究,此后对生物制氢技术的研究在世界上许多国家迅速开展。迄今为止,已有粪便废水、制糖废水、豆制品废水、乳制品废水、淀粉废水、酿酒废水、酒糟废水、玉米秸秆等固体废弃物以及餐厨垃圾等通过发酵技术转变为氢气,但目前的研究规模仍处于实验室水平。

在研究的过程中,为了提高反应器内的生物量,人们普遍利用纯菌种,在菌体培养方面研究固定化技术。传统观点认为,微生物体内的产氢系统很不稳定,只有进行细胞的固定化,才能实现持续产氢。然而,固定化技术也有不足,细菌的包埋是一种很复杂的工艺,要求有与之相适应的纯菌种。菌体固定化材料的开发与加工工艺,可以使细胞代谢产物在颗粒内积累,从而对生物产生反馈抑制和阻碍作用,致使生物的产氢能力降低。但是固定化细菌很容易失活,一般经 3~6 个月运行后需要更换,从而增加了运行的成本。

任南琪院士等在 1990 年提出了厌氧活性污泥制氢技术,该技术利用碳水化合物为发酵底物,避免了利用纯菌种进行生物制氢所必需的纯菌分离、扩大培养、接种与固定化等一系列配套的技术和设备,大幅度降低生物制氢成本的同时,也提高了生产工艺的可操作性,在技术上更容易满足工业化生产的要求。

虽然发酵法制取氢气的研究已经取得了很大的成绩,但是这种技术至今没有被广泛利用,说明它还存在很多问题,受到很大的限制。另外对于生物制氢,氢气纯化与储存是一个很关键的问题。

目前的制氢方法主要是化石能源制氢、电解水制氢、生物制氢、热解制氢、热化学生物质制氢等。其中,生物制氢具有节能、清洁、原料来源丰富、反应条件温和、能耗低和不消耗矿物资源等优点。生物制氢技术以其资源(废糖蜜、红薯废水)等碳水化合物的可再生性、生产的清洁性和环境友好性,为可再生能源——氢气的生产开辟了一条新途径。

6.2　生物制氢技术的应用前景

生物制氢的过程分为厌氧光合制氢和厌氧发酵制氢两大类。厌氧光合制氢利用的微生物为厌氧光合细菌,而厌氧发酵制氢利用的微生物则为厌氧化能异养菌。与光合制氢技术相比,发酵制氢过程中利用的微生物具有产氢速率高、不受光照时间限制、可利用的有机物范围广、工艺简单等优点。因此,在生物制氢方法中,厌氧发酵制氢技术更具有发展潜力,它可以利用厌氧发酵微生物来分解工农业废弃物在内的多种有机物产生氢气,该技术不仅耗能少、成本低廉、底物来源广泛,而且有巨大的应用前景和发展潜力。

氢气是目前最理想的清洁燃料之一。氢气作为下一代能源的替代品已成为许多汽车制造商、公司和石油生产商们关注的热点,氢气的需求量也将会大幅度增加。对于制氢成本和环境方面来说,生物制氢成本丰富,利用固体废弃物、生活污水、动物粪便和餐厨垃圾等发酵制氢可大大降低成本,这在获得了氢气的同时也净化了水质,达到了保护环境的作用,起到了废物无害化和资源化的双赢效果。因此,无论是从环境保护还是从新能源开发的角度来看,生物制氢都具有很大的发展前景,具有显著的经济效益、环境效益和社会效益。

目前,从世界产氢来看,其中体积分数为 96% 的氢气是由天然气中的碳氢化合物中提取的,只有体积分数为 4% 是采用水电解法制取的。但是化学方法制氢要消耗大量的矿物资源,并且在生产的过程中产生的污染物会对环境再次造成破坏,这不适应经济社会发展的要求,终将会被淘汰。利用厌氧微生物制氢技术生产氢气,备受研究者的关注,许多国家正投入大量的财力和人力对生物制氢技术进行开发研究,以期早日实现该技术的商业化应用。

欲使生物制氢技术尽快达到工业化的生产水平,未来的研究应注重以下 5 个方面:

(1)应重视对发酵产氢微生物的研究。从实现工业化生产的角度来看,发酵微生物比光和生物具有更大的优越性。

(2)为了降低运行及管理费用,研究开发能自固定的、产氢能力较高的厌氧活性污泥混合菌种,并寻找容易培养的菌种以及启动快的方法。

(3)利用高负荷的有机废水制取氢气,包括利用有机废水在内的不同有机质来进行生物制氢的可行性及其控制对策方面的意义重大。

(4)注重耐酸菌种的选育,由于有机废水厌氧发酵制氢的过程中,有大量的有机挥发酸相伴而生,导致反应系统内的 pH 降低,所以选育和使用耐酸的产氢发酵菌种可节约调节系统内 pH 对碱的大量需求,从而降低制氢成本。

(5)研制可以达到工业化生产规模的生物制氢反应设备。现有的国内外研究均处于实验室水平,这些成果为工业化的生产提供了基础性的研究。

6.3　生物制氢技术的主要研究方向

迄今为止,生物制氢的方法主要有 3 种:第一,包括藻类和光合细菌在内的光合法;第二,兼性厌氧发酵产氢细菌发酵法;第三,生物水气转换制氢法。现阶段的研究主要集中在前两个方向。

(1)光合法生物制氢技术是利用光合细菌或者微藻将太阳能转化为氢能。光合产氢按照途径的不同又可以分为两大类:光合自养微生物产氢和光合异样微生物产氢。光合自养微生物主要通过分解水来产生氢气,光合异养微生物主要通过分解有机质来产生氢气。

(2)发酵法生物制氢技术是利用异养型的厌氧菌或者固氮菌分解小分子的有机物质来制氢,能够利用有机物发酵产氢的细菌包括专性厌氧菌和兼性厌氧菌,如丁酸梭状芽孢杆菌、大肠挨希氏菌等。

(3)生物水气转换制氢法是将 CO 与 H_2O 转化为 CO_2 和 H_2 的反应,以甲烷或水煤气为起点的制氢工艺均涉及 CO 的转换,因此水气转化是工业制氢的一个基础反应,是一种无硫的紫色光合细菌能在厌氧的条件下或者在一定的环境温度下催化的水气转化反应。

6.3.1　发酵法生物制氢技术

发酵法生物制氢技术与其他的制氢技术相比,在许多方面表现出优越性:第一,发酵产氢菌种的产氢能力要高于光合产氢菌种,且发酵产氢细菌的生长速率比一般的光解产氢速率要快;第二,发酵法生物制氢技术无需光照就可以实现持续稳定产氢,且反应装置的设计简单,操作方便;第三,生物制氢设备的反应器容积可以达到足够大,从规模上提高了单台设备的产氢量;第四,可生物降解的工农业有机废料都可以成为发酵生物制氢的发酵底物,底物原料的来源广泛且成本低廉。所以,发酵法生物制氢技术更容易实现规模化的工业生产。

在目前的有机废水产酸发酵中,根据末端发酵产物的不同,将发酵类型分为 4 种:丁酸型发酵、丙酸型发酵、乙醇型发酵、混合酸发酵,如图 6.1 所示。

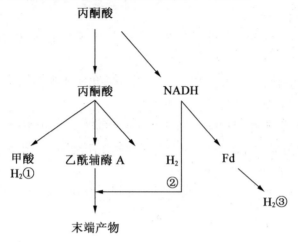

图 6.1　厌氧发酵产氢的 3 种途径
①混合酸发酵途径;②丁酸型发酵途径;③NADH 途径

1. 丁酸型发酵(Butyric acid fermentation)

许多研究表明,可溶性碳水化合物(如葡萄糖、蔗糖、乳糖和淀粉等)的发酵以丁酸型发酵为主。其产氢微生物有:梭状芽孢杆菌属(*Clostridium*)、丁酸弧菌属(*Butyrivibrio*)等,主要的末端发酵产物有:丁酸、乙酸、CO_2 和 H_2 等,其过程如图 6.2 所示,反应方程式可以表示如下:

$$C_6H_{12}O_6 + 2H_2O \longrightarrow 2CH_2COOH + 2CO_2 + 4H_2$$
$$C_6H_{12}O_6 \longrightarrow CH_3CH_2CH_2COOH + 2CO_2 + 2H_2$$

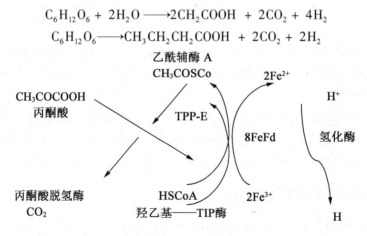

图 6.2　丁酸型发酵产氢途径

2. 丙酸型发酵(Propionic acid type fermentation)

在污水厌氧生物处理中,含氮的有机化合物(如酵母膏,明胶,肉膏等)和难降解的碳水化合物(如纤维素等)在酸性环境中发酵时往往会发生丙酸型发酵。与丁酸型发酵途径相

比,丙酸型途径有利于 $NADH + H^+$ 的氧化,而且还原力比较强。丙酸型发酵产氢的反应方程式可以表示如下:

$$C_6H_{12}O_6 + H_2O + 3ADP \longrightarrow CH_3COO^- + CH_3CH_2COO^- + HCO_3^- + 3H^+ + H_2 + 3ATP$$

丙酸型发酵的特点是产气量少,主要的末端发酵产物为丙酸和乙酸,并且有大量的丙酸产生进而导致丙酸的积累,使得厌氧反应器中的 pH 降低,并影响产氢细菌的活性,从而导致试验运行失败,因此在生物制氢的工艺研究中,应尽量避免产生丙酸型发酵。

3. 乙醇型发酵(Ethanol type fermentation)

乙醇型发酵是将碳水化合物等物质经糖酵解途径(EMP)或 2 – 酮 – 3 – 脱氧 – 6 – 磷酸葡萄糖裂解途径生成丙酮酸,丙酮酸经乙醛生成乙醇。这一发酵过程中,发酵产物仅有乙醇和 CO_2,无 H_2 产生。但在实验过程中发现,发酵气体中存在大量的氢气,因而认为这一途径并非经典的乙醇型发酵,任南琪院士将主要的末端发酵产物乙醇、乙酸、H_2、CO_2 及少量丁酸的这一发酵类型称为乙醇型发酵。从发酵的稳定性及总产氢量等方面综合考察,乙醇型发酵是一种较佳的厌氧发酵及产氢途径。

秦智等的研究表明,乙醇型发酵在产氢能力、运行稳定性和最适末端发酵产物等 3 方面均明显优于丁酸型发酵和丙酸型发酵,因而无论是从生物制氢的角度或是从污水处理的角度来看,乙醇型发酵都是生物制氢反应系统里最佳的发酵类型,其次是丁酸型发酵,而在发酵过程中应该尽量避免丙酸型发酵。

4. 混合酸发酵(Mixed acid fermentation)

混合酸发酵产氢途径中主要的产氢微生物有:埃希氏菌属(*Escherichia*)和志贺氏菌属(*Shigella*)等,主要的末端发酵产物有:乳酸、乙酸、CO_2、H_2 和甲酸等。其反应方程式可以用下式来表示:

$$C_6H_{12}O_6 + H_2O \longrightarrow CH_3COOH + C_2H_5OH + 2H_2 + 2CO_2$$

由图 6.3 可以看出,在混合酸发酵产氢的过程中,由 EMP 途径产生的丙酮酸经脱羧后形成了甲酸和乙酰基,然后甲酸裂解生成 CO_2 和 H_2。

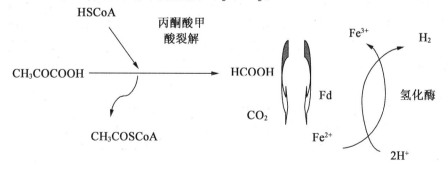

图 6.3　混合酸发酵产氢途径

到目前为止,研究者们对厌氧发酵制氢的途径进行了多种多样的探索和研究,并取得了一定的成果,大部分研究者研究了不同产氢菌株利用不同基质时的比产氢能力。

厌氧发酵制氢技术是一种新兴的制氢技术,它利用厌氧发酵微生物来分解工农业废弃物在内的多种有机物,将其作为发酵底物来生成氢气,该技术在发酵的过程中耗能少、成本低廉、有巨大的应用前景和发展潜力,但是也存在着底物利用率低、发酵产氢微生物不易获得和难以培养等一系列的问题。因此,将来的研究重点是如何快速地从自然界获得产氢效率高的混合微生物菌群以及如何利用农业废弃物(如谷壳、秸秆、玉米轴、甘蔗渣、红薯渣等)厌氧发酵来生产氢气。在这项技术中,反应器中的厌氧活性污泥来源广泛,无需固定,系统启动时只需对所接种的污泥进行一定时间的驯化,就能达到连续产氢的目的。该技术的研究成功,为治理污染和废弃物综合利用开创了一条新路。

6.3.2　光合法生物制氢技术

目前,产氢生物菌群包括光合生物和非光合生物。光合生物包括厌氧光合细菌、蓝细菌和绿藻,而研究较多的有蓝绿藻属、绿藻属、深红红螺菌、球形红假单胞菌、深红假单藻菌、液泡外硫红螺菌、紫色无硫菌、类球红细菌等;非光合生物包括严格厌氧细菌、兼性厌氧细菌和好氧细菌,如大肠埃希氏杆菌、产气肠杆菌、褐球固氮菌、丁酸梭菌、产气荚膜梭菌、丙酮丁醇梭菌等。

光合生物是通过光合作用来固定 CO_2,从而维持自身的生长,同时在光合作用的过程中会分解水释放出 O_2。光合作用进行时首先利用类囊体膜表面的捕光色素吸收光能,然后将吸收的光能传递到光系统Ⅱ(PhotosystemⅡ,PSⅡ)的反应中心,将水分解为 H^+ 和 O_2,并释放出电子。释放出的电子在类囊体膜上按一定的次序进行传递,经过以细胞色素 M 复合体(Cytb6/f complex)和光系统 I(Photosystem I)为主的一系列电子传递体后,传递给铁氧还蛋白(Ferredoxin,简称 Fd),并进一步将 $NADP^+$ 还原为 NADPH。蓝藻和绿藻的电子在传给 Fd后可能不传给 $NADP^+$,而传给 H^+ 并将其还原为 H_2。而在微藻细胞中参与氢代谢的酶主要有 3 类:固氮酶、吸氢酶和可逆氢酶。这 3 种酶均存在于蓝藻中,而在绿藻中发现只有可逆氢酶。绿藻的可逆氢酶存在于叶绿体基质中,既可以接收光合电子传递链上的 Fd 传来的电子并将其还原为质子产生 H_2,又可以氧化 H_2 释放电子给 PQ 进入光合电子传递链。另外,在厌氧环境下,绿藻中的葡萄糖和乙酸等发酵时释放的电子全部不能被电子传递链消耗掉,而卡尔文循环又不能运转,导致发酵时释放出的电子可能在 NAD(P)H – PQ 氧化还原酶的作用下经过 PQ 库进入电子传递链,然后经过 PSI 和 Fd 传给可逆氢酶,光合产氢途径如图 6.4 所示。

图 6.4　光合产氢途径

6.4　发酵法生物制氢系统的工艺

6.4.1　活性污泥法生物制氢

活性污泥法是利用生物厌氧产氢－产酸发酵过程来制取氢气,同时可以作为污、废水的二相厌氧生物处理工艺的产酸相。污泥接种后进行驯化,以糖蜜废水为发酵底物,辅助加入 N/P 配置而成的营养底物,当反应器进入稳定的乙醇型发酵状态时,系统就会进行持续稳定的产氢状态,反应器采用任南琪院士发明的连续流搅拌槽式反应器(CSTR)。

6.4.2　固定化细胞生物制氢

固定化细胞生物制氢是指将细胞包埋在天然的或者人工合成的载体上,Kumar 等分别利用琼脂凝胶、多孔玻璃珠、椰子壳纤维等包埋 *Rhodobactor sphaeroides*,*Enterobacter aerogens*,*Enterobactor colcae* 等菌株来进行产氢试验,试验表明经过固定化处理的菌株产氢率都有所提高。王相晶系统全面地研究了产氢发酵细菌的细胞包埋技术,分别通过了间歇试验和连续流试验,在试验中菌株 B49 都可以提高氢气的转化率和产氢速率,缩短了水力停留时间。在连续流产氢试验运行的过程中,固定化产氢细菌 B49 通过自身的调节作用可以在较低的 pH 条件下持续产氢。包埋剂为 PVA－海藻酸钙,利用 Na_2CO_3 将饱和硼酸和 $CaCl_2$ 的 pH 调到 6.7 左右,来缓解酸性环境对微生物的抑制作用,这可以有效地防止 PVA 凝胶成球时的黏结现象,同时增加了海藻酸钙的机械强度。反应器采用流化床、膨化床、固定填充床、搅拌槽等。

6.4.3　发酵产氢与产甲烷相的结合

将发酵产氢与产甲烷相结合起来,建立了产氢－产甲烷两相厌氧工艺,利用高浓度的有机废水作为发酵底物,利用产酸相制取氢气,产甲烷相制取沼气,在有机废水处理达到环保需求的基础上,进而进行能源的有效回收。

6.5　厌氧发酵生物制氢的产氢机理

厌氧生物处理是在没有分子氧及化合态氧存在的条件下,兼性细菌与厌氧细菌降解有机物的生物处理方法。在厌氧生物处理中,复杂的有机物化合物被降解、转化为简单的化合物,同时释放出能量。复杂的碳水化合物在细菌作用下的发酵途径如表 6.1 和图 6.5 所示。从图 6.5 中可见,复杂碳水化合物首先经水解后生成葡萄糖,在厌氧条件下,通过糖酵解(Glycolysis,又称 EMP)途径生成的丙酮酸,经发酵后再转化为乙酸、丙酸、乙醇或乳酸等。

表 6.1　碳水化合物发酵的主要经典类型

发酵类型	主要末端发酵产物	典型微生物
丁酸发酵(Butyric acid fermentation)	丁酸、乙酸、H_2、CO_2	丁酸梭菌(*C. butyricum*)
丙酸发酵(Propionic acid fermentation)	丙酸、乙酸、CO_2	丙酸菌属(*Propionibacterium*)
混合酸发酵 (Mixed acid fermentation)	乳酸、乙酸、乙醇、 甲酸、CO_2、H_2	费氏球菌属(*Veillonella*) 变形杆菌属(*Proteus*) 志贺氏菌属(*Shigella*)
乳酸发酵(同型) (Lactic acid fermentation)	乳酸	沙门氏菌属(*Salmonella*) 乳杆菌属(*Lactobacillus*)
乳酸发酵(异型) (Lactic acid fermentation)	乳酸、乙醇、CO_2	链球菌属(*Streptococcus*) 明串珠菌属(*Leuconostoc*) 肠膜状明串珠菌属(*Lmesenteroides*)
乙醇发酵(Ethanol fermentation)	乙醇、CO_2	葡聚糖明串珠菌属(*L. dextranicum*) 酵母菌属(*Saccharomyces*) 运动发酵单孢菌属(*Zymomonas*)

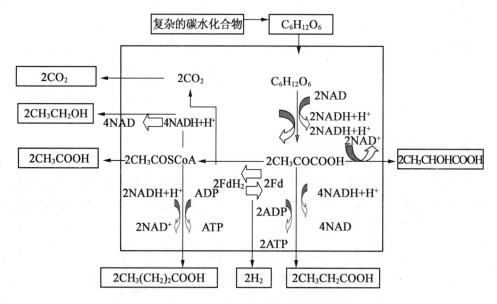

图 6.5　细菌作用下的复杂碳水化合物发酵途径示意图

6.6　不同底物发酵研究现状

影响发酵法生物制氢技术的关键因素是底物种类,产氢受到底物种类及数量的影响比较明显。每种微生物利用的底物种类是特定的,并且微生物会选择性地选择某种底物。在众多的制氢技术中,厌氧发酵产氢技术利用农业废料、城市垃圾、工业有机废水、动物粪便和其他生物质来制取氢气,不但成本低、反应条件温和,并且具有废弃物利用、节省能量消耗和净化环境的重要意义。微生物发酵产氢过程受诸多因素的影响,如底物种类、废水性质、反应器构型等多个方面。其中,底物种类是微生物发酵产氢时的重要影响因素之一,底物是微生物进行生长和繁殖的基础,而不同的微生物对底物的利用具有一定的选择性,本研究利用厌氧污泥作为天然混合产氢微生物的来源,分别用连续流反应器和间歇试验来考察不同底物对厌氧发酵生物制氢的影响。

通常情况下,用于发酵的底物应具备以下特性:第一,底物碳水化合物的浓度较高;第二,高含量及价格较低的资源;第三,高能量转化率。在现阶段的研究中,生物发酵产氢所利用的基质主要有 3 种:第一,糖类;第二,有机废水;第三,固体废弃物。考虑生物制氢的成本,以单一基质为底物进行产氢的成本较高,而以工农业生产废弃物等廉价复杂基质为底物进行发酵产氢时,不但能实现废弃物的资源化,同时还能降低产氢的成本,近几年的研究主要是以固体废弃物和有机废水为主的复合物来进行生物制氢的研究。

6.6.1　底物废水的组分

长期以来,生物制氢的研究与开发的重点主要集中在光合产氢工艺,厌氧发酵法生物制氢技术一直被忽略,微生物发酵产氢过程受诸多因素的影响,如底物种类、废水性质、反应器构型等多方面,其中底物种类是微生物发酵产氢的重要影响因素之一,底物种类是微生物进行生长和繁殖的基础,不同的微生物对底物的利用有一定的选择性。对不同底物厌氧发酵产氢的研究报道有:刘敏等研究了糖蜜、淀粉与乳品废水厌氧发酵法生物制氢;汤桂兰等研究了不同底物种类对厌氧发酵产氢的影响;Yu Wang 等研究秸秆发酵对产氢性能的研究。

目前,生物制氢处理的对象主要为含有葡萄糖、蔗糖、麦芽糖、木糖、乳糖、淀粉、脱木质素的木制纤维等碳水化合物组成的有机废水。另外,对于含纤维素类生物质的生物制氢也有少量报道,但由于该类生物质结构比较复杂,用传统的发酵制氢方法并不能直接将其转化为氢气,导致产氢能力较低。

本研究以糖蜜废水、赤糖废水、红薯废水为底物。糖蜜废水是甜菜制糖工业的副产物——由废糖蜜稀释配置而成,这种废水有机物含量高,可生化降解性能好,是一种具有代表性的碳水化合物类的有机废水。由于糖蜜废水为高浓度的有机废水,如果直接排放会引起环境污染,而污水处理又需要消耗很大的财力、物力,而糖蜜废水中的有机物质以及其他营养元素可以被活性污泥微生物所利用。另外,赤糖废水中的有机物含量高,可生化降解性好,利用以上两种碳水化合物含量较高的有机废水进行氢气的生产,这不仅消除了污染,而且产生了新的清洁能源,是我国目前面临能源短缺的情况下,利用废水达到资源化的一种新途径,同时也为清洁能源的生产开辟了新道路,因此发展以糖蜜为原料的生物制氢产业具有广阔的应用前景。

红薯含有丰富的糖、蛋白质、纤维素和多种维生素,其中 β - 胡萝卜素、维生素 E 和维生素 C 尤多,红薯营养价值很高,所以利用红薯废水来生物制氢具有实际的研究价值,并且减少了直接排放红薯废水而对环境造成的污染,是一种变废为宝的研究方法。因此,采用糖蜜废水、红薯废水生物制氢不仅解决了废水污染的问题,而且实现了废物资源化的目标,实现了可持续发展的战略目标。赤糖和红薯废水也是近几年来主要的工业副产物,通过不同负荷的糖蜜废水、赤糖废水、红薯废水对 CSTR 生物制氢反应系统的冲击,来研究不同底物及负荷对反应器的冲击和对产氢能力的影响。

我国是红薯生产大国,年总产量超过 11 亿 t,占世界总产量的 80% 以上。但有效利用率低,直接用作饲料的占 50%,工业加工的占 15%,直接食用的占 14%。无论是种植面积还是年产量,均居世界首位。目前红薯在世界粮食生产中排名第 7 位,在 21 世纪它上升为世界上的第五大食物,在追求健康和长寿的热潮中,红薯被视为理想的保健食品。同时,红薯在工业上的用途也极为广泛,可以进一步加工成粉条、淀粉糖、葡萄糖和糊精等,还可生产氨基酸和有机酸等。

近几年来,红薯在美国、日本、中国台湾和中国香港等地成为一种新型的蔬菜,美国将它列为"航天食品",日本和中国台湾称它为"长寿食品",中国香港则称它为"蔬菜皇后"。随着社会的发展,这一古老作物为人类的繁荣和发展做出了自己的贡献,遗憾的是,人们在秋季收获红薯块茎后,剩余的大量叶、梗除少量食用或用作牲畜饲料外,绝大部分被弃置于田间路旁,既污染了环境,也造成了资源的极大浪费。但与此同时,由于技术原因和一些人为的因素,存在红薯利用价值较低或者是大量红薯浪费的现象,本试验利用红薯厌氧发酵产氢,一方面是适应科学发展观的要求,即做到废弃物的资源化,变废为宝;另一方面,国内外对于红薯的物质机构、功能及作用机理的研究几乎没有相关的报道,可见这是一个极具有填补空白的价值和意义,以及对红薯的研究及开发利用、红薯的经济效益和社会效益具有极其重要的意义。

第7章　试验装置与方法

7.1　试验装置

7.1.1　连续流反应装置

本研究采用连续流搅拌槽式反应器(CSTR)为试验装置,结构如图7.1所示,该反应器的总容积为19.4 L,有效容积为7.0 L,反应器内部有三相分离器,使气、液、固三相很好地分离,有利于气体的传质与释放。试验的HRT维持为6.2 h,整个反应器采用外缠电热丝加热方式,将温度控制在(35±1)℃。

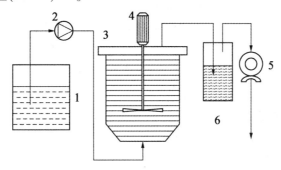

图7.1　CSTR厌氧反应器结构图

1—进水箱;2—蠕动泵;3—反应器;4—搅拌机;5—湿式气体流量计;6—水封

7.1.2　间歇式试验装置

间歇试验采用间歇反应装置,结构如图7.2所示,采用间歇式培养,以1 000 mL锥形瓶为培养瓶,对培养瓶和培养基进行高温、高压灭菌,以确保反应体系的无菌环境。为保证无氧环境,在接种和培养之前,一边煮沸一边用高纯氮(体积分数为99.9%)吹托10 min以驱除培养瓶中的气相和液相中的氧,同时通过观察滴加到培养液中的厌氧指示剂刃天青(质量分数为0.02%)的颜色变化确定反应体系是否处于厌氧状态。试验证明,刃天青的颜色由红青色转为无色表明系统处于无氧状态。在1 000 mL培养基中,加入产氢基质100 mL,将培养瓶置于HZQ – C型恒温气浴培养箱中,在(35±1)℃,120 r/min条件下振荡培养到产生氢气停止。

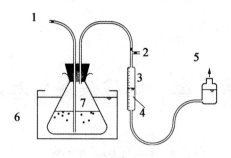

图 7.2　分批培养生物制氢装置示意图

1—进水与取样;2—发酵气体取样;3—气体计量;4—NaHCO₃瓶;5—气体释放;6—空气浴;7—反应瓶

7.2　种　泥

　　本研究所采用的种泥,根据试验和生产需要分别取自生活污水排放沟底污水处理厂二沉池活性污泥和有机废水处理厌氧反应器的剩余污泥。接种污泥经过滤、沉淀、淘洗,用糖蜜废水间歇好氧培养 2 周后,此时污泥颜色由以前的黑色、灰黑色或灰色变为黄褐色,污泥絮体沉降性能良好。然后将上一步间歇培养的污泥用 70 ℃ 水浴恒温加热 30 min,形成热强化污泥,再接种至反应器。向反应器中投加强化污泥分为两个阶段,1～13 d 为第一运行阶段,加入反应器的热预处理强化污泥的活性 VSS/SS 为 55% ,接种量为 2 L;第 13～21 d,调节进水有机底物质量浓度从 4 500 mgCOD/L 升高到 6 500 mgCOD/L;第 22 d 以后的为第二阶段,加入热预处理强化污泥的活性 VSS/SS 为 56% ,接种量为 2 L,其他控制参数不变。生物相观察可见污泥内生物种类非常丰富,球菌、链球菌、杆菌以及多种原生动物和后生动物都可以大量观测到。

7.3　试验废水

　　本次试验采用的底物为糖蜜废水,它是由甜菜制糖工业的副产物——废糖蜜稀释配置而成。这种废水有机物含量高,溶解性好,可生化降解性能好,是一种具有代表性的碳水化合物类的有机废水。废水配制时投加一定量的农用复合肥,维持废水中的 COD∶N∶P = 1 000∶5∶1,以保证污泥在生长过程中对 N,P 营养元素的需求。

　　项目所用的底物赤糖是用人工稀释而制成的,红薯废水是把新鲜的红薯人工去皮,煮红薯,然后榨取红薯汁,经过测定 COD 负荷来定量进行发酵。

7.4　分析检测的方法

采用国家标准方法测定 COD,VSS,SS,pH 和 ORP 用 pHS – 25 型酸度计测量,产气量用 LML – 1 型湿式气体流量计计量,主要分析项目与方法见表 7.1。

表 7.1　主要分析项目与方法

分析项目	分析方法	频度
COD	重铬酸钾法	常规
pH	pH – 25 型酸度计	常规
碱度	中和滴定法,以 $CaCO_3$ 计	定期
气相末端发酵产物	Agilent 5973N – 6890 型气相色谱	定期
液相末端发酵产物	GC – 122 型气相色谱	定期
氧化还原电位	pH – 25 型酸度计	常规
葡萄糖含量	葡萄糖试剂盒法	常规

7.4.1　气相发酵产物分析

采用 GC – 122 型气相色谱定量的测试液相末端发酵产物(VFAs)的组分及含量。氢火焰检测器,不锈钢色谱填充柱长 2.0 m,担体为 GDX – 103 型,60~80 目。柱温、气化室和检测室温度分别为 190 ℃,220 ℃,220 ℃。氮气作为载气,流速为 30 mL/min,每次进样量为 1 μL,表 7.2 是氢气标样的定性测定。

表 7.2　氢气标样的定性测定

标样	保留时间/min	体积/($L \cdot d^{-1} \cdot 100^{-1}$)
氢气 1	0.782	3 476 975.00
氢气 2	0.782	3 601 829.25
氢气 3	0.798	3 553 625.00
氢气 4	0.782	3 485 464.50
氢气 5	0.789	3 434 555.25

7.4.2　液相发酵产物分析

发酵气体产物及组成成分采用 SC – Ⅱ型气相色谱测定,热导检测器(TCD),不锈钢色谱填充柱长 2.0 m,担体 Porapark Q,50~80 目。氮气作为载气,流速 30 mL/min,每次进样量为 0.5 μL,表 7.3 为挥发酸标样的测定。

表 7.3　挥发酸标样的测定

挥发酸组分	保留时间/min	质量浓度/($mg \cdot L^{-1}$)
乙醇	0.440	397.01
乙酸	0.715	519.26
丙酸	1.348	491.71
丁酸	2.582	477.10
戊酸	5.315	467.15

7.4.3　生物量的测定

生物量包括 SS 和 VSS,其中测定 SS 时,取出一定体积的样品,在 105～110 ℃ 条件下将其置于烘箱内干燥 12 h,用分析天平称量至恒重;称量 VSS 时,将恒重后的样品在马弗炉中灼烧 30 min 后,用分析天平称量至恒重。

VSS 溶解率可以由下面的公式计算得出:

$$\text{VSS 溶解率} = \left[(c_{VSS,0} - c_{VSS}) / c_{VSS,0} \right] \times 100\%$$

其中,c_{VSS} 为 t 时 VSS 浓度;$c_{VSS,0}$ 为初始 VSS 浓度。

7.4.4　氧化还原电位(ORP)

氧化还原电位一般简写为 Eh,单位为伏(V)或者毫伏(mV),是用一个铂丝电极与一个标准参考电极同时插入被测体系中测定,测定装置如图 7.3 所示,通过电极在伏特计显示的电位差来读数。

试验采用 pH - 25 型酸度计测定,正极接饱和甘汞电极,负极接铂电极,测定的结果一般为负值。测定过程中应注意读数前应向氧化还原电位测定装置内通水时间大于30 min,保证数据值在稳定的情况下显示,并且要注意装置内的气泡必须要排净。

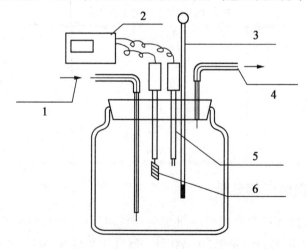

图 7.3　氧化还原电位测定装置

1—反应器来水;2—mV 计;3—温度计;4—溢流出水;5—甘汞电极;6—铂金电极

7.4.5　pH

pH 是发酵法生物制氢系统的关键因子。在废水进入反应系统后,废水中的物质发生一系列的生理化学反应以及液体的稀释作用,从而改变系统内的 pH。pH 的变化不仅直接影响参与新陈代谢过程中酶的活性,而且不同的 pH 生境条件下,生长繁殖速率不同,发酵代谢产物的种类和数量也存在差异。

产酸发酵细菌对系统酸碱性环境的变化十分敏感,即便是对于稳定性较强的乙醇型发酵,当反应器内的 pH 在一定范围内变化时,也会影响微生物生长繁殖的速率和代谢的途径,进而影响生成的代谢产物。当系统的 pH 在 4.0 ~ 5.0 范围内,发酵产物以乙醇、乙酸、丁酸为主,都是理想的目的副产物。当系统内的 pH 小于 4.0 时,酸性末端发酵产物大量积累会使反应器出现过酸状态,表现为产气率急剧下降,产氢菌的生理生化代谢过程受到严重的抑制。较低的 pH 条件使产酸发酵细菌逐渐在竞争中失去优势地位,表现为菌群发酵能力差,产气量及产氢量减少。对于此种情况,可以人工添加 Na_2CO_3 和 NaOH 试剂来有效调节系统的 pH,使其在特定的环境中向着有利于发酵的趋势进行。

7.4.6　水力停留时间(HRT)

生物制氢系统中,当有机物进入生物制氢反应器后,在各种微生物的作用下水解、发酵产酸,同时释放出 H_2 和 CO_2,有机物在反应器中的停留时间直接影响着发酵代谢的过程。停留时间过短,产酸发酵过程进行得不充分,微生物对有机物降解转化不彻底,反应器中的污泥沉降时间不足,导致污泥流失,最终导致反应器单位基质的产气量及产氢率下降;停留时间过长,会影响反应器效能的发挥,酸性液相末端发酵产物在系统内滞留时间延长,当进水有机物质量浓度较高时,就会造成酸性物质大量积累,使反应系统内的 pH 大幅度下降,从而严重抑制微生物的活性。根据产氢能力、反应器的构造、底物的类型和悬浮物截留能力,生物制氢反应器的水力停留时间一般维持在 4 ~ 6 h 较为适宜。本试验将 HRT 固定为 6.2 h,研究其他的控制因子对发酵系统的影响。

7.4.7　搅拌器的速率及功率

搅拌器的速率对反应速率的影响较大,不但会影响反应器进水的流动状况,而且会影响微生物与底物的接触机会、微生物代谢速率、气体释放速率、氢分压以及生物发酵途径。第一,当转速较低时,污泥絮体由于重力作用易沉于罐底,而较轻的污泥絮体及表面吸附气泡絮体则会上浮。这是由于较低的转速混合效果比较差,从而使微生物与底物接触不够充分,传质过程受到影响,有机物的转化不够充分和产氢效率比较低。第二,转速适宜时,污泥絮体完全处于悬浮状态,此时微生物絮体能够完全与底物充分接触,从而达到高效降解有机底物的浓度。随着搅拌器转速的增加,产氢速率增加,并最终达到最高的产氢速率。第三,当转速过高时,产氢速率反而降低。这是因为较高的转速会降低污泥与微生物接触的有效面积和接触时间,导致污泥流失,从而影响微生物对发酵降解底物的降解能力,其表现在出水中悬浮物的增加,产生的气体难以迅速释放,使得产气速率下降。

7.4.8　COD 去除率

本试验测定 COD 的原理基于重铬酸钾法,用 COD – 571 型化学需氧量测定仪进行测定。COD 去除率是系统内的微生物降解有机底物的一个经济指标,用其可以判断某一菌种是否是优势菌种或者可以判断某一底物是否有利于发酵。COD 去除率的计算方法如下:

$$COD\ 去除率 = (\frac{进水\ COD - 出水\ COD}{进水\ COD}) \times 100\%$$

第8章　连续流生物制氢系统的负荷冲击

8.1　CSTR 生物制氢反应器的运行特性

厌氧反应器的高效、稳定运行是设计者追求的主要目标之一。连续流生物制氢系统采用连续流搅拌槽式反应器(CSTR),完成对 CSTR 生物制氢反应器进行启动的研究,本章着重考察反应器达到稳定的乙醇型发酵后,底物的有机负荷由 5 500 mg/L 提高到 8 000 mg/L 的过程中考察研究了反应器的运行特性。通过研究和分析各种工程控制因子和生态因子对反应器产氢效能的影响,确定 CSTR 反应器用于生物制氢的工程运行参数,为工程控制提供了研究依据,进而推动生物制氢的工业化进程。

8.1.1　运行过程中有机负荷的提高方式

有机负荷通过进水浓度和水力停留时间的双重调节,本次运行过程是用间歇好氧污泥作为接种污泥,反应参数控制如下。

反应器的运行温度:(35 ± 1)℃。

反应器的 HRT:6.2 h。

进水 COD 质量浓度:5 500 mg/L。

运行过程中,HRT 保持不变,通过将反应器的进水 COD 质量浓度由 5 500 mg/L 提高到 8 000 mg/L,进而提高进水的有机负荷,考察反应器的运行特性以及产氢效能的变化。在其他启动参数基本一致的条件下,采用不同的启动负荷可以产生不同的微环境条件,使优势种群在适合生长的微环境中逐渐得到强化。

8.1.2　运行过程中液相末端发酵产物的变化规律

此阶段的研究是基于反应器启动后系统达到稳定的乙醇型发酵的基础上,探讨底物浓度负荷改变对产氢量和末端发酵产物以及整个系统的影响。在乙醇型发酵的状态下,液相末端发酵产物中主要是以乙酸和乙醇为发酵产物,其产量占到总发酵产物的 83%,其他的发酵产物丙酸和丁酸较低。随着 COD 质量浓度的增加,稳定的微环境被打破,第 10 d 系统逐渐过渡到混合酸发酵,系统的末端发酵产物也发生了较大的变化,其末端发酵产物乙醇、乙酸、丙酸、丁酸的质量浓度分别达到 547.857 mg/L,177.004 mg/L,313.517 mg/L,215.134 mg/L,如表 8.1 所示。随着发酵的进行,系统再次逐步形成乙醇型发酵,第 14 d 末端发酵产物中乙醇和乙酸的质量浓度和质量分数再次分别达到 675.12 mg/L,103.499 mg/L 和 72.28%,11.85%。第 15 d COD 质量浓度负荷增加到 7 800 mg/L 时,稳定的系统再次发生变化,其中各末端发酵产物的量和比例也发生了较大的变化,丙酸和丁酸的量增加,总挥发性脂肪酸的质量浓度增加到 1 740.177 mg/L,大量挥发酸的积累会使微生物的活性产生抑制。说明厌氧活性微生物已无法承受有机负荷提高造成的环境变化,其活性受到严重的抑制,表现在反应器产氢能力急剧下降,系统的产酸发酵类型也发生了变化。数据表明,底物浓度负荷过高会导致底物转化率降低,使厌氧发酵高效、稳定的前提是要有合适的底物浓度范围。

表 8.1 底物负荷变化对液相末端发酵产物的影响

液相末端发酵产物 时间/d	乙醇/(mg·L⁻¹)	乙酸/(mg·L⁻¹)	丙酸/(mg·L⁻¹)	丁酸/(mg·L⁻¹)
1	432.985	92.631	9.450	87.181
7	188.670	25.768	11.996	44.433
9	388.471	145.124	29.718	75.373
10	547.857	177.004	313.517	215.134
11	556.208	1 381.143	887.642	795.852
13	501.274	132.868	30.598	99.519
14	675.019	103.499	23.499	71.465
16	605.019	301.591	203.909	221.175
18	705.019	345.019	385.119	305.020

8.1.3 运行过程中产气(氢)量的变化规律

产气量和产氢量是衡量厌氧发酵系统产氢效率高低的一个标准,本章是以糖蜜为底物,考察了底物 COD 负荷的变化对产氢系统的影响。在稳定的乙醇型发酵阶段,系统的产气量及产氢量分别为 25.39 L/d 和 11.39 L/d,这也就说明了底物糖蜜是发酵微生物很好的碳源,当 COD 质量浓度由 5 500 mg/L 增加到 7 400 mg/L 的过程中,系统的产氢量及产氢效率的变化趋势呈现正相关性,变化趋势如图 8.1 所示。第 15 d COD 质量浓度达到 7 800 mg/L 时,系统的产氢量获得一个最小值 2.30 L/d,其含量仅有 10.9%。在此种情况下厌氧活性污泥的活性受到严重的抑制,系统内的微生物不能适应有机负荷升高而引起环境变化,反应器中的发酵类型发生了明显的变化,产氢能力立即下降。COD 质量浓度在一定的范围内变化时,随着 COD 质量浓度的增加,气体产量及氢气产量都随之上升。在 COD 质量浓度为 5 500 mg/L 左右时,气体产量及氢气产量都很低,这主要是因为在此质量浓度条件下,由于有机底物提供的营养物质仅够微生物正常的生长和新陈代谢所需,没有更多的能量转化为氢气释放出来。随着 COD 质量浓度的不断上升,产气量及产氢量先不断地增加,之后逐渐趋于平衡,出水中也开始出现了没有利用的糖,说明了在微生物总量相对稳定的情况下,系统中微生物的产氢能力已经达到了最大;当 COD 质量浓度为 7 800 mg/L 以后,气体总产量开始下降,出水中糖的含量也增加,此时这一浓度值超出了微生物降解利用的最大限度。厌氧活性污泥发酵产氢系统对底物浓度负荷提高造成的冲击具有一定的适应能力,但这种适应能力是有限度的,其表现在厌氧活性污泥微生物无法承受有机负荷提高造成的环境变化,使其活性受到严重的抑制,反应器产氢能力急剧下降,有机废水产酸发酵的类型也发生了改变。

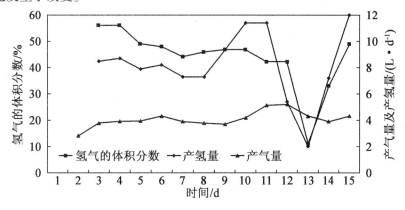

图8.1 底物负荷变化对产气量及产氢量的影响

8.1.4 运行过程中 pH 和 ORP 的变化规律

在厌氧发酵的过程中,pH 和 ORP 是控制系统发酵类型的主要影响因子。本章主要研究了 COD 质量浓度的变化对 pH 和 ORP 的影响。其中,ORP 也是影响微生物正常生长繁殖的重要环境因子之一,对微生物的生存状态有着直接的影响,不同的微生物对生境的氧化还原点位要求是不同的,一般好氧微生物要求的 Eh 为 300 ~ 400 mV,当 Eh 在 100 mV 以上时,好氧微生物都可以进行生长;兼性厌氧微生物在 Eh 为 100 mV 以上时进行有氧呼吸,Eh 在 100 mV 以下时进行无氧呼吸;专性厌氧细菌要求的 Eh 为 − 200 ~ − 250 mV。

在系统稳定初期,随着系统 COD 质量浓度的增加,进水和出水 pH 在一个较小的范围内波动,经过一段时间的发酵,当 COD 质量浓度达到 7 800 mg/L 时,出水 pH 逐步稳定在 4.6左右。当 COD 质量浓度增加到 8 000 mg/L,系统内出水 pH 开始降低,此时系统的 ORP 也开始升高到 − 25 mV,如图 8.2 和图 8.3 所示。这是因为底物质量浓度的增加,使大量的酸性产物在系统中积累,在此酸性环境中,微生物的活性受到了严重的抑制或者过酸的环境不利于微生物的生长,甚至会造成生物量的流失。反应系统活性污泥受到了更大的"冲洗"作用,同时导致 pH 迅速下降,使活性污泥絮凝能力下降,甚至解体,使大量的微生物流失,表现在氢气量突然下降,导致产气量急剧下降以致趋于零。这种过高浓度会导致系统出现过酸状态,使生物活性受到极大的抑制,这种状态称为"过酸"状态。产酸相的"过酸"状态在正常运行中不仅会抑制产酸相生物的自身活力和降低处理效果,如不及时采取措施,极易导致产甲烷相的酸化,从而导致整个运行过程的失败,所以在运行过程中应采取人工添加酸碱缓冲剂的方法来尽量避免这种状态的发生。

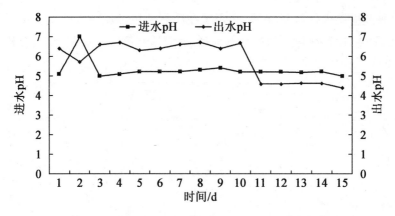

图 8.2　底物负荷变化对出水 pH 和进水 pH 的影响

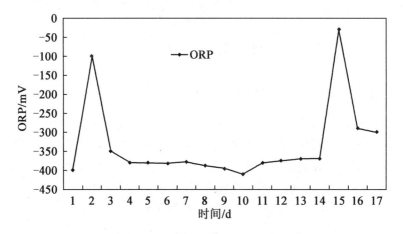

图 8.3　底物负荷变化对 ORP 的影响

8.1.5　负荷变化对微生物生态变异性的影响

有机底物作为微生物生长的营养物质,其浓度直接影响到微生物的生长与繁殖。当底物质量浓度从 5 500 mg/L 增加到 7 400 mg/L 的过程中,液相末端发酵产物从乙醇型发酵演变为混合酸发酵,最终系统内的反应稳定为乙醇型发酵,这一过程中系统内的发酵微生物从乙醇菌群渐变为混合菌群,随着发酵的进行,混合菌群逐渐失去了竞争力,乙醇菌群再次成为优势菌,说明产酸相反应器中的厌氧活性污泥完全建立了以乙醇型发酵菌群为优势的生态群落。微生物的数量随着底物浓度的增加而大量繁殖,其表现为产气量及产氢量的升高。当底物质量浓度升高到 7 800 mg/L 后,有机物没有充分被微生物利用,从而大量的有机物从反应器中流失,大量有机底物的积累会对微生物产生毒害作用,使得反应器内的微生物被出水带出,导致生物活性下降,生物量的减少导致产氢速率快速下降,这是因为系统内的厌氧微生物对浓度负荷的冲击适应能力是有限的,过高的浓度负荷会引起微系统内微环境剧烈地变化,从而影响微生物的生长,最终影响产气量及产氢量。由此得出,适当地增大底物浓度负荷会达到提高产氢速率的目的,但是浓度负荷过高反而不利于产氢,产酸发酵细菌无法适应这种过剩的营养生境,酸性物质的积累使产酸发酵细菌逐渐在竞争中失去优势地位,表现为菌群发酵能力差,产气量及产氢量减少。这些现象表明,厌氧发酵反应系统中微生物种群存在着较大的差异性,在不同容积负荷条件下,微生物在不同的生境中经历了各自的驯化过程后,由于不同的生态条件会诱导这种菌群定向演化,形成了不同的发酵类型,其直接表现在 COD 去除率、产气及产氢能力上的显著差异。

在此阶段的反应过程中,反应系统的产气量和产氢量都出现了先下降再上升并逐渐达到稳定状态这一变化规律,这是由于底物负荷的提高产生了冲击作用,进而使反应器内部的环境条件发生了变化,而环境突然的变化对系统内微生物的活性产生了直接的影响,其表现为系统的产气量和产氢量下降。然而,产氢发酵微生物菌群对于环境的变化具有一定的调节适应能力,随着发酵时间的延续,逐步适应了这种变化了的环境,生物活性也逐步得以恢复并达到新的代谢水平,表现为系统产气量和产氢量的逐步提高并逐步达到一个新的稳定状态。

8.2　CSTR 生物制氢反应器的负荷冲击

本试验借鉴废水生物处理的厌氧工艺,采用厌氧发酵生物制氢的反应设备,以甜菜制糖厂的废糖蜜和人工稀释的赤糖为底物,对其进行了连续流发酵制氢试验,测定底物变化对 CSTR 反应器的产氢效能及液相末端发酵产物的影响。本研究为采用什么物质作为底物厌氧发酵最具有工业应用的可能性奠定了基础,同时对推进工业化的进程具有重要的意义。

微生物发酵产氢过程受诸多因素的影响,如底物种类、废水性质、反应器构型等多个方面。底物种类是微生物进行生长和繁殖的基础,不同的微生物对底物的利用具有一定的选择性。这是由于底物在组成、分子结构和理化性质等方面存在差异,因而其发酵产氢途径也有所不同,通常结构简单、相对分子质量小的化合物可直接被微生物利用转化为氢气。

8.2.1　底物变化对液相末端发酵产物的影响

以厌氧污泥为接种原料,以糖蜜和赤糖为底物厌氧发酵,在底物浓度负荷相同的条件下,分析底物变化对降解有机物过程中总挥发性脂肪酸和醇含量的影响,如图 8.4 所示。反应器中污泥量为 25.88 g(MLVSS)/L,以糖蜜为底物启动反应器,在厌氧发酵的初期,发酵代谢产物中丙酸的含量较高,其质量分数为总液相末端发酵产物的 45% 左右,其中乙醇和乙酸的质量分数分别为 32% 和 18%,这说明发酵初期丙酸菌群在产酸发酵菌群中占优势。当反应运行到第 8 d,丙酸含量出现波动并逐渐降低,其他末端发酵产物也经过短暂的波动后开始回升。经过 22 d 的运行发酵,系统逐渐达到稳定,乙醇、乙酸、丙酸和丁酸的质量浓度分别是187.6 mg/L,256.3 mg/L,174.9 mg/L,118.1 mg/L,从液相末端发酵产物的比例可以看出,反应系统呈现出混合酸发酵。在反应运行的第 28 d,即在混合酸发酵的稳定运行期,改变发酵底物,以赤糖水代替糖蜜来研究底物变化对系统液相末端发酵产物的冲击变化,其表现在发酵底物改变后前 11 d 内末端发酵产物的比例发生了较大的变化,各种挥发酸的产量经过短时间的下降后又再次上升到原来水平。当运行到第 38 d 时,末端发酵产物的比例再次发生变化,其中乙醇和乙酸的比例呈现出上升的趋势,而丙酸和丁酸的比例却不断地下降。但反应器中挥发酸总量并无明显减少,说明系统内的发酵菌群代谢还是比较旺盛的,只是菌群结构发生了变化。经过 56 d 的运行后,系统再次达到平衡,其中乙醇、乙酸、丙酸、丁酸的质量浓度分别为 259.8 mg/L,276.7 mg/L,87.1 mg/L,63.2 mg/L,其中乙醇和乙酸的含量占总产量的 78%,呈现出乙醇型发酵,此时的微生物具有较高的氧化有机物的能力,并且系统具有良好的沉降性能。从底物变化后引起总液相末端发酵产物的变化中可以看出,污泥接种到生物制氢反应器之后的驯化过程中,都经历了一个从不适应到适应、从适应到活性逐渐增强的演变过程。

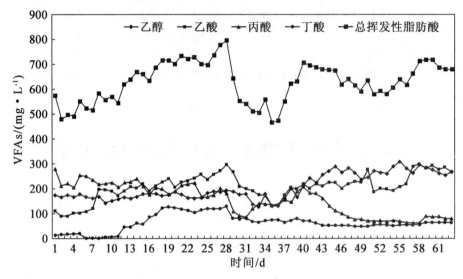

图 8.4　底物变化对液相末端发酵产物的影响

8.2.2　底物变化对产氢效能的影响

如图 8.5 所示为底物变化对产氢量和氢气的体积分数影响变化的曲线图。在反应器启动的第 6 d,反应器开始产气,这表明预处理过的厌氧活性污泥在启动期间仍然保持较高的生物活性。反应运行初期以糖蜜为底物,系统中的微生物适应厌氧环境要经历一定的变化,致使氢气产量和氢气含量较低,呈现出一定的波动性。后续随着微生物活性逐渐恢复,从第 14 d 开始,氢气产量及含量开始增加并逐渐趋于平衡,经过 29 d 的运行后系统达到稳定,获得的氢气产量及氢气的体积分数分别为 0.63 L/d 和 20.7%。这说明在底物浓度相对稳定的情况下,反应器中微生物的产氢能力已经达到最大。第 30 d 系统的底物发生变化,用同一浓度负荷的有机底物赤糖代替糖蜜废水厌氧发酵,底物改变初期,系统的产氢量和氢气的体积分数出现了较大的波动,出现一个最小值分别为 0.20 L/d 和 15.2%,这是因为底物突然改变对系统造成了一定的冲击,从而使微生物的活性也发生了变化。经过 12 d 的驯化,微生物活性逐渐恢复,产氢量和氢气的体积分数再次呈现出上升的趋势,但由于发酵系统出现过酸的趋势,使得产氢量再一次出现波动,在人工调节酸碱度的情况下,经过一段时间的运行,第 50 d 系统恢复正常,产氢量和氢气的体积分数逐渐增加并趋于稳定,达到平衡时的均值分别为 1.46 L/d 和 46.2%,其值是以糖蜜为底物时的 2.32 倍。从结果分析中可知:在相同负荷运行的条件下,有机底物赤糖的产氢量远高于糖蜜的产氢量,这说明了厌氧发酵污泥菌种对底物具有明显的选择性,同时也反映出不同底物之间的结构差异性和降解的难易程度,其表现在产氢量和氢气含量的差异上。

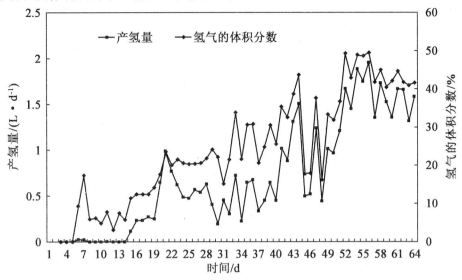

图 8.5　底物变化对产氢量和氢气的体积分数的影响

8.2.3　底物变化对化学需氧量(COD)去除率的影响

用相同负荷的不同底物来研究发酵产氢效能,图 8.6 是不同底物变化对化学需氧量(COD)去除率的影响情况。以糖蜜为发酵底物时,COD 去除率的波动较大,当系统进入稳定期后,COD 去除率维持在 7% 左右。当底物发生变化时,COD 去除率出现暂时性的下降和短期的波动,当反应运行到 48 d 后,系统有机底物的去除率最大达到 31.2%,随后出现短暂的波动并稳定在 13% 左右。从图 8.6 可以看出,微生物对厌氧环境的变化具有一定的自我调节和平衡能力,从而使系统呈现出良好的运行稳定性,系统内微生物种类的多样性保证了系统内代谢途径的多样性,这有利于废水中各种有机成分的有效降解。

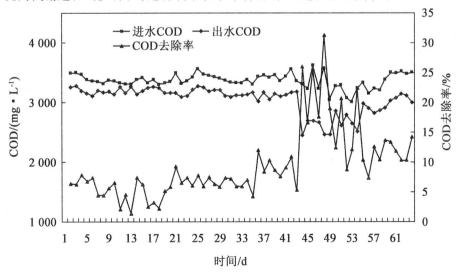

图 8.6　底物变化对 COD 去除率的影响

8.2.4　底物变化对 pH 和 ORP 的影响

pH 和氧化还原电位(ORP)是影响厌氧微生物生长繁殖的重要影响因子,决定着微生物的生存状态。不同的厌氧生境所需要的酸碱环境和氧化还原电位也是不同的,不同的底物厌氧发酵对酸碱环境和氧化还原电位的要求也是不同的。图 8.7 反映了底物变化期间 ORP 的变化情况。以糖蜜为底物时,初期经过 2 d 的发酵,系统内的溶解氧逐渐被系统中的微生物所消耗,这时兼性微生物的活性下降,其表现为系统的 ORP 从 − 112 mV 下降到 − 316 mV。启动初期 ORP 很不稳定,呈现出一定的波动性,系统运行到第 10 d 时,ORP 从 − 446 mV 上升到 − 390 mV 左右,这可能是在厌氧发酵的初期,系统需要消耗部分的溶解氧,因此导致反应初期厌氧程度较低并且 ORP 的波动性比较大。在后续运行过程中,系统逐步趋于稳定,ORP 稳定在 − 390 mV 左右,直到系统达到混合酸发酵。第 28 d 系统底物发生变化,ORP 从 − 365 mV 突然上升到 − 207 mV,在后续经过 40 d 的运行发酵,ORP 逐渐下降,并最终在 − 444 ~ − 450 mV 之间波动,这一条件范围可能是形成乙醇型发酵的主要原因,并且决定了生物制氢系统的运行稳定性。

图 8.8 是底物改变对反应器内部 pH 的影响变化情况。启动初期系统的 pH 在 4.61 ~ 5.07 范围内波动,其变化幅度不是很大。当系统以糖蜜为底物趋于混合酸发酵时,pH 开始下降到 3.86,液相末端发酵产物和氢气产量有较小幅度的下降,为了防止微生物群落长时间地经历酸性厌氧环境而使活性难以恢复,试验中投加一定量的 NaOH 溶液来有效地调节系统的酸碱度,提高反应器的产氢效能和实现稳定运行,经过调节后系统的 pH 恢复到 4.07。第 28 d 系统的底物发生变化时,系统的 pH 再次下降到 3.75,系统的氢气产量和液相末端发酵产物的量也相应的在较小的范围内波动,这可能是底物变化对系统内的菌群造成了一定的冲击作用,改变了其发酵路径。经过后续 6 d 的人工调节加上系统自身的恢复作用,最终使系统的 pH 维持在 4.70 左右,这是因为此时系统已经形成了乙醇型发酵,乙醇型发酵的产物乙醇不会加速系统的 pH 继续降低。

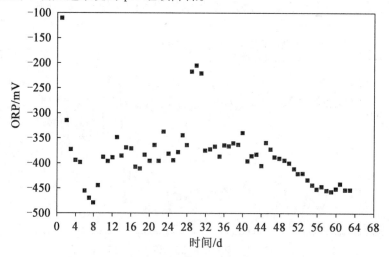

图 8.7　底物变化对 ORP 的影响

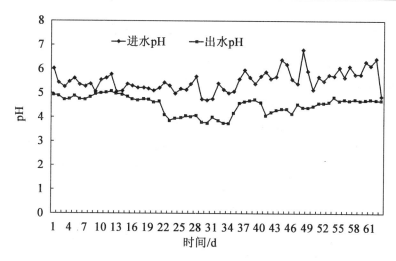

图 8.8　底物变化对 pH 的影响

8.2.5　底物变化对微生物生态变异性的影响

　　微生物菌群结构决定了液相末端发酵产物的比例分布,维持反应器内底物质量浓度负荷为 3 000 mgCOD/L 时,产酸发酵细菌的生理代谢产物没有对其自身的生长产生抑制作用。当以糖蜜为底物时,反应器启动的初期,由于部分兼性产气微生物存活在反应器中,会有少量的发酵气体产生,随着反应器内溶解氧不断地被消耗,这部分微生物逐渐被淘汰,产生适应新环境的产酸发酵菌群,复杂的微生物菌群共同作用在表观上呈现出混合酸发酵特性,随着发酵的进行,产酸发酵菌群的产氢能力不断增长,在混合酸发酵稳定运行期间,最大产氢量及氢气的体积分数为 0.63 L/d 和 20.7%,生物制氢反应器混合酸发酵稳定运行期各种产酸发酵细菌处于均势地位,其竞争能力相当,此条件下适合大多数产酸发酵细菌的生长,在这一条件下形成的微生物菌群在演替过程中逐渐稳定,产酸发酵细菌种类丰富。反应器启动阶段,系统的微生物菌群处于一种“亚稳定”状态,通过外部运行条件使系统群落发生演替和优势种群变迁,并最终形成了稳定的微生物菌群结构。当底物发生变化时,底物变化对厌氧微系统造成了一定的冲击作用,系统内的微生物发生了变化,经过 12 d 的驯化,微生物群落在特定的底物条件下又发生了演替,液相末端发酵产物中的比例发生了较大的变化,其中乙酸和乙醇的比例不断上升,丙酸和丁酸的比例却逐渐下降,但是挥发酸总量没有发生变化,说明此时系统内微生物活性仍然旺盛,只是菌群结构发生了变化,经过 56 d 的运行后,混合菌群演替为乙醇型发酵菌群,此时的微生物具有较高的氧化有机物的能力,并且系统具有良好的沉降性能。

　　反应器启动后,由于其中的兼性菌的代谢活性暂时保持较高的水平,从而使得反应器呈现出 COD 去除率的波动性较大,但由于环境突然从好氧变为无氧环境,部分微生物因不适应突变环境而死亡,使得系统中微生物数量减少,活性污泥的生物活性迅速降低,COD 去除率出现下降和短期波动,甚至几乎为零。经过 48 d 的驯化,厌氧菌的活性得到了加强,反应的有机物去除率提高,反应器的 COD 去除率开始逐渐上升,去除率上升到 31.2%,随后出现波动并逐渐稳定在 13% 左右,并在以后的运行中基本保持这一水平。

8.2.6　本章小结

（1）反应器的污泥量为 25.88 g（MLVSS）/L、进水底物质量浓度为 3 000 mgCOD/L、HRT 为 6.2 h、温度控制在（35±1）℃，以赤糖为底物时的产氢量是以糖蜜为底物时的 2.32 倍，说明产酸发酵菌群对底物具有选择性。

（2）在反应器启动后的污泥驯化过程中，发酵系统内微生物群落随着底物的变化发生着连续的演替，优势菌群也不断地发生变化，同一种属的细菌利用不同的原料为底物时的产氢能力和产酸能力存在很大的差异，其表现在总液相末端发酵产物的比例和氢气产量的差异上。

（3）底物种类的产氢潜力变化趋势和氢气产量一致，以赤糖为底物的产氢量高于以糖蜜为底物的产氢量，表明每种微生物能够利用的底物都有特定的种类和对某些种类的优先选择性，不同底物种类引起了种间的生存竞争。

第9章 强化污泥对生物制氢系统负荷冲击的恢复作用

9.1 厌氧发酵产氢污泥的强化

氢能作为 21 世纪一种可再生的替代能源,具有高热量、无污染等优点。发酵法生物制氢技术是一种产生清洁燃料与废物处理相结合的新技术,具有能源回收和废弃物处理的双重功效,是解决未来能源问题的重要途径。发酵法生物制氢技术面临的首要问题是如何提高反应器的产氢效率和降低制氢成本,这是生物制氢工艺产业化发展的关键。可以看出,无论采用哪种反应器工艺形式,影响产氢效率的关键因素都在于发酵细菌的产氢能力以及发酵菌群的组成和结构。为了获取较高的氢气产量,在反应器的启动过程中,调整外部可控制参数,尽可能地在较短时间内建立适合发酵制氢的微生物种群,减少消耗氢气和对产氢没有贡献的细菌种类和数量,也将使产氢量在一定的范围内大幅度地提高。

从经济角度来考虑,在实际操作中只能花费较小的代价来制取较多的氢气。在反应过程中,产氢细菌产生的氢气会被甲烷菌作为能量来利用。因此,在发酵过程中如何减少体系内甲烷菌的存在数量以及抑制其活性是制氢过程中需要控制的重要内容。在以往的实验过程中,研究者通过研究工程控制因子和生态因子如 pH,HRT 等方面的对策,本质都是通过控制过程,降低体系内甲烷菌的活性,从而提高产氢效率。污泥的活性在很大程度上决定着系统的处理效果和稳定运行。合理的强化污泥可以使污泥保持良好的处理能力,保证厌氧系统高效处理,而且能够提高整个系统的负荷冲击能力。适当的强化预处理污泥可以显著提高系统的产氢效能及总末端发酵产物的量,而且可以使系统快速进入最佳的产氢状态。因此,污泥热强化是产氢系统正常运行并保持较高效率的前提。

本研究采用了具有较低工业化应用成本的曝气预处理方式,然后将污泥用 70 ℃ 水浴恒温加热 30 min,形成热强化污泥,再接种至反应器,以糖蜜废水为底物,利用 CSTR 反应器作为反应装置,取得了较高的氢气产量,有利于微生物能够彻底地分解高负荷的有机底物和增加反应器的生态稳定性,并且能保持较高产氢能力和产氢效率,这为厌氧处理、综合利用氢气的工艺设计提供了基础研究。污泥强化技术应用的一个重要领域是有机废水的治理,其目标是提高目标底物的降解能力及产氢量,可以向废水处理系统的活性污泥中投加经过热预处理强化污泥,以此来改善污泥的性能,降低污泥产量,缩短系统的启动时间。

9.1.1 污泥驯化试验装置

试验所用的驯化污泥来源于哈尔滨市文昌污水处理厂处理车间的剩余污泥,将其经过沉淀、淘洗、过滤去除大颗粒的无机物质,然后用 COD:N:P = 1 000:5:1 的糖蜜废水间歇曝气的方式培养 2 周。污泥驯化试验系统主要由曝气装置、驯化池、加热温控装置 3 个部分组成。污泥驯化试验装置如图 9.1 所示。

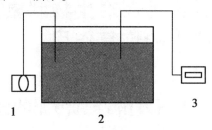

图 9.1　污泥驯化试验装置

1—曝气装置;2—驯化池;3—温控装置

9.1.2　接种污泥的预处理

在试验中为了获取氢气,就必须抑制或者杀死耗氢微生物(主要为产甲烷菌),避免污泥厌氧消化过程中氢的转化。这是由于污泥中有一些产氢微生物能形成芽孢,其耐受不利环境条件的能力比一般的微生物强,因此通过预处理的方式来抑制污泥中的耗氢微生物。目前常用的预处理方法主要有热处理、曝气氧化和超声波处理等。然而不同的预处理条件对混合菌系的组成有较大的影响,进而对产氢量也会有不同程度的影响。本研究采用经济价值较低的热强化预处理污泥来研究热强化污泥对产气量、产氢量及产氢效率的影响。

1. 污泥预处理方式

研究表明,经过预处理的污泥产氢量及总挥发酸量明显高于未经任何预处理的污泥。加热预处理这种方法是以杀灭不产芽孢的细菌为目的来抑制耗氢细菌的生存。曝气氧化预处理是通过提高系统的氧化还原电位值来达到杀死严格厌氧细菌,而系统内的兼性细菌和产芽孢的细菌可以在这种环境下存活。

本试验先采用间歇曝气培养的方式,用 COD:N:P = 1 000:5:1 的糖蜜废水间歇曝气的方式培养 2 周。在曝气氧化的过程中,大量的厌氧微生物因不适应环境的剧烈变化而被淘汰,曝气池上层出现了大量污泥絮凝体,每天停曝 2 h 静沉,去掉上层被"淘汰"的污泥。间歇曝气培养 2 周后,当污泥的颜色由起始灰黑色变为黄褐色,并形成沉降性能良好的絮状污泥时接种至反应器中。当启动的反应器达到稳定的乙醇型发酵时,用 70 ℃ 水浴恒温加热 30 min 形成的热强化污泥来研究强化污泥对产氢量及代谢进程的影响。向反应器中投加强化污泥分为两个阶段,1 ~ 13 d 为第一运行阶段,加入反应器的热预处理强化污泥的活性 VSS/SS 为 55%,接种量为 2 L;第 13 ~ 21 d,调节进水有机底物质量浓度从 4 500 mgCOD/L 升高到 6 500 mgCOD/L;第 22 d 以后的为第二阶段,加入热预处理强化污泥的活性 VSS/SS 为 56%,接种量为 2 L,其他参数控制不变。

污泥的活性在很大程度上决定着系统的处理效果和稳定运行,合理地强化污泥可以使污泥保持良好的处理能力,保证厌氧系统高效处理,而且能够提高整个系统的负荷冲击能力。适当的强化预处理污泥可以显著地提高系统的产氢效能及总末端发酵产物的量,而且可以使系统快速进入最佳的产氢状态。这在降低生物制氢连续流培养成本的同时提高了生产工艺的可行性,为污泥强化系统的工程控制提供了研究依据,进而推动生物制氢的工业化进程。

2. 污泥接种量

较高的污泥接种量有利于反应器的快速启动。污水处理厂剩余污泥经曝气培养、厌氧发酵时,其中会有大量的微生物因为不适应环境的变化而逐渐淘汰死亡,因此厌氧发酵产氢反应器的建立并稳定运行必须要保证有足够数量的可驯化污泥。本次试验接种污泥量为 SS 为 9.36 g/L,VSS 为 5.15 g/L,VSS/SS 为 55%。

在试验正常运行的期间,产酸相污泥表现出良好的沉降性能,正常的产酸相活性污泥呈絮状,其结构紧密,说明污泥有颗粒化的趋势,而污泥颗粒化对保证污泥有良好的沉降性能,保持反应器中有较高的生物量,提高有机物的去除率以及增加反应器的抗负荷冲击能力,对提高系统的运行稳定性都有积极作用。

3. 反应器运行阶段生物量的变化

加入强化污泥的前 4 d,反应器中的生物量有所下降,微生物抗击系统内负荷冲击的变化趋势如表 9.1 所示,VSS/SS 由加入强化污泥前的 55% 减小到 50%,这种现象是由于部分强化后微生物不适应厌氧环境而被淘汰所导致的。随着运行时间的推移,反应器中的生物量开始慢慢增加,当反应进行到第 13 d 时生物量基本稳定在 VSS/SS 为 56% 左右。当第二次加入强化污泥后,再次强化的污泥受到新环境的冲击,第二次在较短的时间内出现生物量下降的趋势,VSS/SS 出现波动并下降到 53.1%,经过 7 d 的发酵适应,微生物量再次增加并逐渐稳定在 58% 左右。根据强化污泥加入后发酵过程中 VSS/SS、产气量、产氢量及液相末端发酵产物量的变化情况分析可以得出厌氧活性污泥的活性也经历了一个由递减到递增、从不适应到适应的阶段,最终达到稳定的变化过程。

表 9.1　反应器运行阶段生物量变化

测定次数	SS/$(g \cdot L^{-1})$	VSS/$(g \cdot L^{-1})$	VSS/SS/%
第 1 次(1 d)	9.36	5.15	55.0
第 2 次(4 d)	15.68	7.84	50.0
第 3 次(13 d)	17.04	9.54	56.0
第 4 次(15 d)	16.49	8.76	53.1
第 5 次(20 d)	21.17	12.28	58.0

9.2　强化污泥对产气量及产氢量的影响

产氢量及产气量是衡量厌氧系统制氢效率高低的一个重要指标,本试验研究了热预处理的强化污泥对已驯化成功的乙醇型发酵菌群的产气量及产氢量的变化情况(图9.2)。强化前乙醇型发酵稳定阶段的产气量和产氢量分别为 5.39 L/d 和 2.41 L/d,第 1 次加入热预处理强化污泥运行初期的产气量和产氢量并未明显提高,这是因为在强化初期,由于加入的强化污泥中携带有少量的氧气,使得加入强化污泥的初期阶段系统内有少量的兼性微生物进行耗氧呼吸,消耗自身携带氧气的同时产生 CO_2,所以在加入强化污泥的初期出现氢气量减少的趋势,即携带入的氧分子影响氢分压,可能滋生了好氢菌。随着发酵的进行,微生物消耗了大部分携进系统的氧气,产氢菌逐渐恢复了活力,开始产氢,产氢量也有逐渐稳定上升的趋势。从第 3 d 开始产气量和产氢量出现一个明显的上升阶段,但代谢途径并没有改变,仍旧是乙醇型发酵。强化后系统的产气量和产氢量提升并稳定在 6.90 L/d 和 3.32 L/d 左右,分别是强化前的 1.28 和 1.38 倍,氢气的体积分数为 48%。说明经过强化的污泥具有很强的活性,在一定的底物浓度条件下,强化污泥能彻底地利用底物转化为氢气。运行到第 13 d 时,进水有机底物质量浓度从 4 500 mgCOD/L 提高到 6 500 mgCOD/L 时,产气量和产氢量明显增加并稳定为 9.20 L/d 和 4.71 L/d,氢气的体积分数为 51.8%,发酵类型转变为混合酸发酵,说明强化污泥的活性随着营养底物质量浓度的增加而增大。运行到第 22 d 第 2 次加入热预处理的强化污泥,强化后第 2 d 产气量和产氢量突然下降,这可能是反应器中进入了部分溶解氧,也可能是强化污泥抑制其他细菌的活性,随着后续微生物活性的恢复,产气量和产氢量显著增高并稳定在 12.52 L/d 和 5.47 L/d 左右,分别是 2 次强化前的 1.36 和 1.16 倍,氢气的体积分数达到 51.9%。从图 9.2 中不难看出,产氢量有周期性变化的趋势,在每个周期内,产氢量随着时间的变化可分为 4 个阶段:反应延迟、开始产氢、持续产氢和产氢衰减。说明强化污泥能更好地对底物进行分解产氢,强化污泥的活性和微生物的数量对产氢量及系统的稳定性有直接的影响。污泥强化作用可以促进生物制氢反应器的发酵类型向产氢能力更高的乙醇型发酵转变,与此同时这也表明强化污泥对生物制氢系统负荷冲击具有很好的修复作用,可以使系统快速地达到稳定。

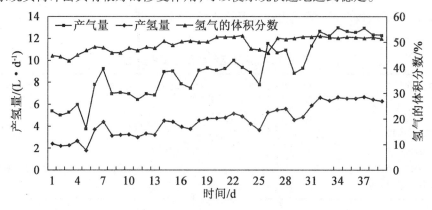

图 9.2　污泥强化对产氢量的影响

9.3　强化污泥对液相末端发酵产物的影响

向已经成功驯化的乙醇型发酵系统中加入强化预处理的污泥,研究强化污泥对生物制氢系统代谢进程的影响(图9.3)。向稳定运行的系统第1次加入强化污泥,相应末端发酵产物的量均有小幅度的提升,这是因为污泥强化的过程中,抑制甲烷类细菌的活性,致使初期微生物活性较低。末端发酵产物乙酸、乙醇、丙酸、丁酸的质量浓度分别从强化前的438.89 mg/L,386.51 mg/L,107.45 mg/L,58.53 mg/L 增加至 589.33 mg/L,563.51 mg/L,138.53 mg/L,134.43 mg/L,乙酸和乙醇的量占总产物的80%,总挥发酸的质量浓度从991.37 mg/L增加到1 425.79 mg/L,发酵类型及系统的稳定性没有发生改变。运行到第13 d进水有机底物质量浓度从4 500 mgCOD/L提高到6 500 mgCOD/L 时,发酵产物的组成发生了一定的波动,总挥发酸量增加到1 930.4 mg/L,乙酸和乙醇的比例下降到66%左右,而丁酸的质量浓度从135.87 mg/L增加到 449.11 mg/L,占总产物的23.26%,微生物的菌群结构经历了一个演替过程,形成了混合酸发酵。说明反应器内的发酵菌群代谢旺盛,只是菌群结构发生了变化。反应运行到第22 d时,再次加入强化污泥,反应器运行进入到第二阶段,系统的微生物群落再次发生变化,乙酸和乙醇比例上升到77%左右,说明乙醇型发酵菌群在此阶段的污泥强化中得到了强化,在后续阶段的运行中,丁酸发酵菌群在竞争中逐渐失去优势,丙酸和丁酸的比例分别减少了7%和14%,总挥发酸的质量浓度达到最大值1 977.323 mg/L,反应系统在 16 d 内重新达到相对稳定的乙醇型发酵,这是因为强化污泥对底物进行了充分的酸化,此时的微生物达到了乙醇型发酵的优势生态群落,具备了较强的自我平衡调节的能力。分析图9.3可知,污泥强化后发酵产物中乙醇和乙酸含量的变化规律与产氢速率的变化规律相似,在污泥强化后乙醇和乙酸含量的上升阶段都相应地伴随着产氢速率的增加,这可能是污泥强化发酵代谢进程中产乙酸和乙醇的途径与引起产氢效能的增加有直接的关系。

由此可见,足够的生物量和生物活性是保证厌氧发酵产氢系统高效产氢的关键,污泥量的过度减少和生物活性的丧失必然会导致反应系统运行的失败。强化污泥能够有效地抗衡系统的负荷冲击并且保持系统高效稳定的运行和产氢。

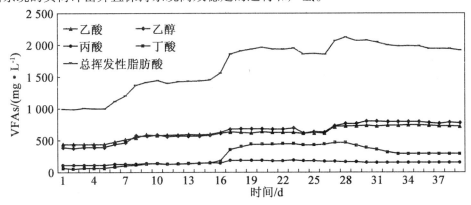

图9.3　污泥强化对液相末端发酵产物的影响

9.4　强化污泥对化学需氧量(COD)去除率的影响

　　强化污泥对产氢系统的影响除了表现在产氢量和液相末端发酵产物外,还表现在有机物被微生物水解、发酵转化为小分子物质方面,图9.4为强化污泥对系统内 COD 去除率的变化情况。在强化污泥加入的第一个阶段,即 1～13 d 为第一运行阶段,在加入强化污泥的初期,系统内的 COD 去除率首先出现下降,出现一个最小值 18%,随后开始在 27% 左右波动,这可能是加入的强化污泥中的微生物经过了一个从不适应到适应的过程。在第 13～21 d 的第二运行阶段,出水中的 COD 明显高于第一阶段,COD 去除率在 35% 左右波动并且趋于稳定。这说明经过强化的微生物对底物的降解能力明显提高,由此也可以得出一定数量的微生物量和生物活性是高效降解有机底物的前提。

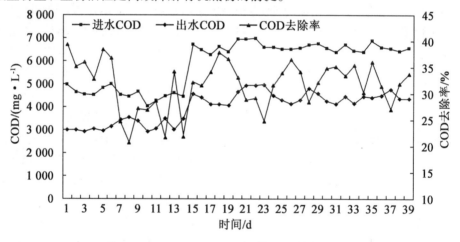

图9.4　强化污泥对化学需氧量(COD)的影响

9.5　强化污泥对 pH 和 ORP 的影响

　　pH 和 ORP 是影响发酵类型的重要生态因子,不仅与发酵类型有关,而且决定了生物制氢反应系统的运行稳定性。在厌氧处理中,水解菌和产酸菌对 pH 有较大范围的适应性。发酵过程中,较低 pH 会增加丁醇的产生,而产生的丁醇会破坏细胞维持胞内 pH 的能力、降低胞内 ATP 的水平、影响葡萄糖等基质的吸收;高 pH 会引起微生物结团,影响传质过程和葡萄糖等物质的吸收,影响酶的活性,影响微生物对营养物质的吸收。因此,在厌氧发酵过程中,保持厌氧发酵连续稳定的进行,必须要求有合适的 pH 范围,这是反应持续高效稳定的前提。

　　环境中的氧化还原点位主要与氧分压有关,环境中的氧气越多,ORP 就越高;反之则越低,它对微生物的生长和代谢均有显著的影响。在热强化处理污泥时,由于强化污泥中携带了部分氧气,在厌氧运行阶段,这些氧分子慢慢地释放出来,需要经过一段时间才能被系统中的微生物所消耗利用。图 9.5 是强化污泥对已经驯化形成的乙醇型发酵系统中 pH 的变化情况。强化污泥加入系统后的第 5 d ORP 上升到 −380 mV,可能是强化污泥加入反应器的过程中存在一定的溶解氧,抑制了其他细菌的活性,导致强化初期系统内的厌氧程度较低,并且产气量和总挥发酸量分别下降了 28% 和 8.8%。在后续运行的过程中,随着微生物活性的恢复,系统的 ORP 也恢复并稳定在 −450 mV 左右。当有机底物质量浓度提高到 6 500 mgCOD/L时,pH 突然下降到 3.53,为了防止 pH 过低而影响微生物的代谢活性,向反应器中投加 NaOH 溶液来调节,运行 1 d 后 pH 上升到 4.06,之后在 4.4 ~ 4.55 范围内波动,这是因为底物质量浓度的增加,强化微生物对底物进行了充分的酸化。运行到第 23 d 时,系统的 ORP 再次上升到 −386 mV,产气量和总挥发酸量再一次下降,经历了一个最低值后又迅速上升,这可能是第 2 次加入强化污泥时再次融入溶解氧,滋生好氧细菌所至。运行到 28 d 时,pH 再次下降到 3.84,这是因为恢复活性的微生物利用高负荷的底物进行了充分的酸化,也是造成总挥发酸量大幅度升高的原因。较低的 pH 条件使产酸发酵细菌逐渐在竞争中失去优势地位,表现为菌群发酵能力差,产气量及产氢量减少,在后续的运行中表现出相对稳定的状态,系统的 pH 稳定在 4.5 ~ 4.8 之间,ORP 基本稳定在 −434 ~ −447 mV,该 pH 和 ORP 范围为再次形成乙醇型发酵提供了环境基础。说明此时发酵生物制氢反应器内的强化污泥已具备了良好的酸碱缓冲性能,适宜的酸碱环境为强化后微生物的生长和活性的提高提供了有利的条件,微生物的增长和活性的提高使反应体系中各类菌群的活性得到了更进一步的强化,提高了反应体系对外界条件变化的抵抗能力,并加速形成和最终确立了乙醇型发酵菌群在竞争中的优势地位。

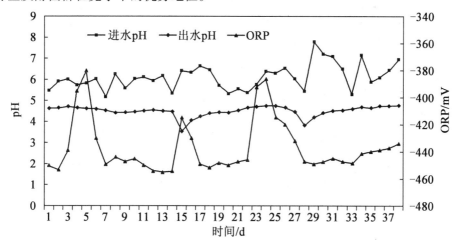

图 9.5　污泥强化对 pH 和 ORP 的影响

9.6　强化污泥对微生物生态变异性的影响

微生物菌群结构决定了液相末端发酵产物的比例分布,通过人为地改变外部条件使系统群落发生生态演替和优势种群变迁,最终形成稳定的微生物群落结构。微生物接种到一个新的生长环境后,表现出延迟期、指数生长期、减速期、静止期和衰亡期。表9.1反映了系统内微生物量的变化趋势,在加入强化污泥的前期系统达到了稳定的乙醇型发酵,此时系统内的微生物数量和活性相对比较稳定,微生物的生长暂时进入了稳定期。当加入强化污泥后,强化微生物对原系统内的微生物造成了一定的冲击,强化污泥中携带的滋生好氧细菌会在较短的时间内抑制产氢菌的活性或者对产氢菌产生毒害作用,由于微生物不能适应新环境而部分被淘汰。其表现在产气量、产氢量及液相末端发酵产物量先下降后逐步上升的趋势。随着强化细菌逐渐适应厌氧微环境,厌氧微生物的活性也逐渐增强,表现出产气量、产氢量和总挥发酸量增加的趋势,并且发酵类型也发生了变化,呈现出混合酸发酵,微生物菌种结构发生了变化。当第二次加入强化污泥后,微系统再次受到冲击,微生物活性再次受到影响,经过短暂的波动后,系统很快就恢复了稳定,系统产气量、产氢量和总挥发酸量较第一次强化又有了提升,产气量、产氢量分别是第一次强化的1.36和1.16倍,总挥发酸量得到一个最大值1 977.323 mg/L,较第一次强化增加了46.9 mg/L,经过16 d的发酵后,系统再次形成稳定的乙醇型发酵,并伴随着乙醇和乙酸含量的上升产氢速率也相应地增加。说明此时系统内的微生物代谢比较旺盛,微生物菌群结构经历了一个演替过程,菌群结构发生了变化,形成了乙醇型发酵菌群的优势地位。生物量的增长在一定意义上影响着整个反应系统的运行状态,对发酵类型的形成起着至关重要的作用,厌氧活性污泥经过强化,其活性经历了一个从不适应到适应,从适应到活性逐渐增强的演变历程。随着乙醇型菌群在竞争中优势地位的建立,到了污泥驯化后期,反应器的出水pH更加稳定,说明此时产酸相反应器内建立了生态稳定的微生物群落。

试验说明,厌氧发酵产氢系统高效制氢的关键是保持反应系统具有较多的微生物量和较高的微生物活性,系统内的发酵污泥会受到厌氧活性污泥微生物群落代谢的影响。

9.7　本章小结

(1)当反应器启动并达到稳定的乙醇发酵,在水力停留时间(HRT)为6.2 h,温度控制在(35±1) ℃,将好氧预处理2周的污泥用70 ℃水浴恒温强化处理30 min后接种至反应器,第一次强化污泥的活性VSS/SS为55%,其对已经成功驯化的乙醇型发酵菌群的影响表现在:产气量和产氢量分别上升到6.90 L/d和3.32 L/d,分别是强化前的1.28和1.38倍,末端发酵产物乙酸、乙醇、丙酸、丁酸的质量分数分别增加了25.5%,31.4%,22.4%,

56.5%。第二次强化污泥的活性 VSS/SS 为 56%,产气量和产氢量逐渐增加并稳定为 12.52 L/d 和 5.47 L/d,氢气的体积分数达到 51.9%,乙酸和乙醇的质量分数上升到 77% 左右,总挥发酸量达 1 977.323 mg/L,并且在短期内形成了稳定的产氢系统。

(2)当进水有机底物的质量浓度从 4 500 mgCOD/L 提高到 6 500 mgCOD/L 时,产气量和产氢量分别增加到 9.20 L/d 和 4.71 L/d,氢气的体积分数为 51.8%,总挥发酸量增加到 1 930.4 mg/L。说明强化后污泥活性的增强和微生物数量的增加,有利于微生物能够彻底地分解高负荷的有机底物和增加反应器的生态稳定性,并且能保持较高产氢能力和产氢效率。强化污泥加入系统后,微生物活性在短期内能快速恢复,并且在保持较高产气量和产酸量的情况下,强化污泥在一定负荷的条件下,可以迅速形成产氢能力较高的乙醇型发酵类型,进而保证高的氢气产率。

第 10 章　间歇培养中的负荷冲击

步入 21 世纪以来,与城市环境相关的点源污染等逐步得到了较好的监测和控制,但农业污染问题却日益突出,已成为我国重大环境问题之一。改革开放以来,我国的农业发展迅速,对环境保护造成了极大压力。我国是一个农业大国,农业资源丰富,更好地合理开发利用农业资源是预测资源发展趋势的重要基础。目前,对农业废弃物无害化处理率极低,绝大部分未经任何处理就直接排放,这对环境造成了极大污染和对资源造成了大量浪费。农业废弃物资源化是一个系统工程,需要多方面的协调发展,以期望把污染减少或控制到最低的限度,树立起可持续发展的理念,发展农业循环经济,大力推广农业废弃物资源化利用,在农业领域推进清洁生产示范,从源头和全过程控制污染物的产生和排放,降低资源消耗,有效地实现社会效益、经济效益、生态效益的有机协调和统一。

用不同的底物进行厌氧发酵的研究较多,但利用农业废弃物——红薯厌氧发酵产氢的研究至今仍鲜见报道。我国利用红薯发酵酿酒、制造食品等,每年需求的红薯量较大,而且随着经济的发展和由于红薯的营养价值较大,人们对红薯的需求量也越来越大,这样将会造成大量红薯资源的浪费。利用红薯废渣和废红薯水厌氧产氢,对于获取廉价的制氢底物具有重要的意义。目前,国内加工红薯的企业多数仍在采用传统的单一加工方法,其中占75% 左右的营养成分和活性物质都作为废水和废渣排弃,既浪费了资源,又污染了环境,导致利用率低下、产品单一、附加值不大、效率不高。这就使得在加工中如何使红薯物尽其用,获得高利用率、高附加值和高效益,值得研究!

本研究利用间歇试验装置以人工配置的废水为原料,以厌氧消化污泥作为天然产氢菌源,研究比较了不同底物(红薯、赤糖、糖蜜)对产氢能力及代谢进程的影响。

10.1　产氢菌来源

接种污泥为生活污水排放沟底泥经过滤、沉淀、淘洗,用糖蜜废水间歇好氧培养 2 周后,接种到厌氧批式反应器中。

10.2　培养液组成

培养液:$Na_2MoO_4 \cdot 2H_2O$ 1 g, $MnSO_4 \cdot H_2O$ 1 g, NaCl 1.0 g, L – cysteine · HCl · H_2O 0.28 g, $MgSO_4$ 5 g, $FeCl_2$ 0.278 g, $CaCl_2$ 0.80 g, 酵母浸粉 1 g, 水 1 000 mL,分别加入

不同的碳源物质红薯汁、赤糖、糖蜜各 100 mL。

高温灭菌:120 ℃灭菌 15 min。

10.3　微生物生长的分析

厌氧发酵生物制氢过程中微生物的生长可用 4 个阶段来描述,分别是反应延迟、开始产氢、持续产氢和产氢衰弱,这一生长过程与微生物的生长规律密切相关。微生物经过停滞期阶段的适应后,微生物开始繁殖生长,在此过程中降解底物并转化为氢气。在进入对数生长期后,微生物生长的速度增至最大,增长的数量以几何级数增加,并伴随着氢气产生,微生物的快速繁殖消耗了大量有机底物,从而降低了底物浓度。由于在发酵过程中产生的酸性代谢产物大量积累会对微生物菌体产生毒害,导致微生物死亡,从而进入静止期,静止期的微生物总数达到最大值,并恒定一段时间后,新生的微生物和死亡的微生物数量相当,经过短暂的静止期之后,系统内的有机物质被耗尽,微生物因缺乏营养而利用储存物质进行内源呼吸,死亡的数量大于新生数量,微生物群体进入衰亡期,在衰亡期产氢结束,氢气含量也逐渐降低,酸性末端发酵产物也逐渐下降并趋于零。

10.4　底物种类对厌氧发酵的影响

糖蜜是甜菜制糖工业的副产物—废糖蜜稀释配置而成,这种废水有机物含量高,可生化降解性能好,是一种具有代表性的碳水化合物类的有机废水。

赤糖是经过人工稀释而模拟得到的赤糖废水。

红薯含有丰富的糖、蛋白质、纤维素和多种维生素,其中 β - 胡萝卜素、维生素 E 和维生素 C 尤多,红薯营养价值很高,所以利用红薯废水来生物制氢具有实际的研究价值,并且减少了直接排放红薯废水对环境的污染,是一种变废为宝的研究方法。本研究选取无霉变、无虫害、无败坏的鲜红薯,水洗净,用手工刨皮方法进行去皮处理,洗净切碎,用分离式磨浆机磨浆,使薯浆和薯渣分离,薯浆离心过滤,滤液红薯汁备用。

10.4.1　不同底物产氢发酵的可行性分析

厌氧发酵法生物制氢过程中相当于两相厌氧消化工艺中的产酸发酵过程,在生物制氢的可行性底物探索过程中,人们利用了多种不同的底物(如固体废弃物、工业废弃物、城市污水处理厂的废水等)厌氧发酵,都获得了目的产物——氢气。但是,这些底物的氢气产率都不是很高,微生物在利用这些底物厌氧发酵时存在着一定的困难,什么样的底物适合厌氧发酵法生物制氢,并且能够应用于工业化规模的生产中,这就需要对各类有机物从理论上进行分析,并且在试验中进行验证。

1. 碳水化合物

碳水化合物包括单糖、二糖、多糖、淀粉、纤维素等一系列的物质。

两相厌氧消化处理碳水化合物废水已经进入了深入的研究阶段,有研究结果证明:两相厌氧系统处理碳水化合物废水的效果稳定,并且碳水化合物的酸化具有热力学可行性,其反应式可表示为

$$C_6H_{12}O_6 + 4H_2O \longrightarrow 2CH_3COO^- + 2HCO_3^- + 4H^+ + 4H_2$$
$$\Delta G'_0 = -206 \text{ kJ/mol}, \Delta G' = -318 \text{ kJ/mol}$$

从式中可以看到,1 mol 的葡萄糖经厌氧发酵后可以产生 4 mol 氢气,但在产氢产酸发酵的反应器中,乙酸的产量虽然很高,但同时还有大量的其他挥发酸和醇产生,而且氢气产量与产酸量并没有呈现出相关性。与此相反,随着乙醇含量上升,氢气产量和含量都有明显上升,其含量在发酵气体中可达50%,呈现出标准的乙醇型发酵,其反应式可表示为

$$C_6H_{12}O_6 + H_2O \longrightarrow CH_3COO^- + CH_3CH_2OH + H^+ + 2CO_2 + 2H_2$$
$$\Delta G'_0 = -92.62 \text{ kJ/mol}$$

2. 脂类物质

在厌氧发酵条件下,长链脂肪酸通过 β - 氧化途径被微生物降解,而 β - 氧化反应在热动力学是不利的反应,其反应式可表示为

$$n - \text{脂肪酸} \longrightarrow (n-2)\text{脂肪酸} + CH_3COO^- + 2H_2$$
$$\Delta G'_0 = +48 \text{ kJ/mol}$$

在长链脂肪酸被分解转化为乙酸和其他小分子有机酸的过程中,需要严格的微生物合营关系。在厌氧发酵生物处理中,产甲烷菌可使 β - 氧化反应成为热力学有利的反应,从而使整个反应的效率很低,因此长链脂肪酸类物质作为产氢底物的可行性受到限制。

3. 蛋白质类物质

在厌氧发酵中,蛋白质类的底物可以被微生物水解成小分子物质,但在水解过程中,氨基酸的酸化效率决定了蛋白质的转化率,通常情况下厌氧发酵途径就是氨基酸通过脱氨基作用从而转化为相应的小分子挥发酸,其反应式可表示为

$$\text{亮氨酸} + 3H_2O \longrightarrow \text{异戊酸} + HCO^{3-} + H^+ + NH^{4+} + 2H_2$$
$$\Delta G'_0 = 4.2 \text{ kJ/mol}, \Delta G' = -59.5 \text{ kJ/mol}$$

标准状态下,亮氨酸的酸化在热力学上为不利的反应,然而在厌氧条件下,该反应具有了热力学可行性。但其他的一些氨基酸在产酸相中由于缺乏一些微生物的合营关系,从而使转化受到了限制,蛋白质的转化率仅有10%左右,而且游离氨基酸的含量很低,因此,蛋白质在产酸相中的水解酸化效率较差,一般情况下蛋白质作为产氢发酵底物是不合适的。

10.4.2　底物种类对液相末端发酵产物的影响

图 10.1 是以同浓度负荷的红薯、赤糖、糖蜜为底物时的末端发酵产物的变化情况。从图中的变化规律可以看出,图 10.1(b)赤糖的总液相末端发酵产物量最高,其值可高达 11 083.

29 mg/mL,与此相比较红薯发酵情况处于劣势,其液相产物量较低并且在发酵时间进行到24 h时反应已经完全结束。以红薯、赤糖、糖蜜为底物间歇发酵时,各个反应体系中的液相末端发酵产物是以乙酸和丙酸为主,超过总液相末端发酵产物的80%以上。以赤糖为底物时,在发酵进行 12 h 时液相产物开始增加,并且在 18 h 时达到最大。以糖蜜为底物时,在反应启动初期末端发酵产物开始增加,在发酵进行到 6 h 时,末端发酵产物开始保持在 10 000 mg/mL 左右,发酵进行到 24 h 时突然下降,直至趋于零,说明此时系统内的底物消耗殆尽,发酵微生物进入衰亡期。

10.4.3　底物种类对产气量及氢气含量的影响

本研究考察了不同底物种类对产气量及氢气的体积分数的影响,其变化曲线如图 10.2 所示。在一定菌种来源的条件下,不同的底物通过厌氧发酵均可制备出氢气,但其产氢能力存在较大的差异。厌氧污泥对红薯汁、赤糖、糖蜜的产气量及氢气含量存在较大的差异,这说明厌氧污泥对底物有显著的选择性,同时也反映出不同底物之间结构的差异和降解的难易程度。

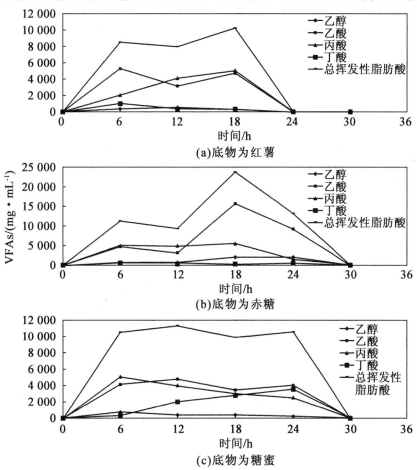

图 10.1　不同底物种类对液相末端发酵产物的影响

　　图 10.2 是以同浓度负荷的红薯、赤糖、糖蜜为底物时产气量及氢气含量的变化情况,从图中曲线的变化趋势可以看出,图 10.2(b)在反应进行到 12 h 时产气量及氢气的体积分数分别达到最大值 8 mL 和 0.28%,当出现一个最大值后产气量及氢气的体积分数迅速降低,经过 24 h 的反应后,产气量及氢气的体积分数逐渐趋于零。图 10.2(c)在反应进行到 6 h 时达到一个最大值,其值分别为 5 mL 和 0.11%,随后突然迅速降低到 2 mL 和 0.015%,直到反应进行到 18 h 时产气量及氢气含量再次上升,经过 6 h 的反应后,其值再次降低并趋于零。图 10.2(a)是以红薯为底物时的变化情况,从图中的变化情况可以看出,红薯厌氧发酵时的产气量及氢气的体积分数较低,在反应进行到 12 h 时产气量及氢气的体积分数分别为 2.4 mL 和 0.18%,之后迅速降低并在 18 h 时有一个最小值 0.97 mL,并且在 24 h 时趋于零。这是因为随着反应的进行,反应体系中底物逐渐被消耗,产氢能力逐渐下降并最后趋于零。氢气浓度明显下降,这是由于产氢菌群得不到营养而进行内源呼吸,发酵微生物群体进入了衰亡期。

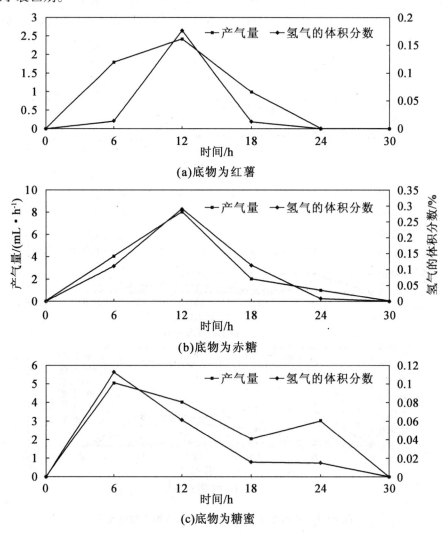

图 10.2　不同底物种类对产气量及氢气的体积分数的影响

从图 10.2 的变化情况可以看出,红薯厌氧发酵时的产气量及氢气的体积分数的值最低,并且反应进行了 18 h 后几乎停止产氢,氢气的体积分数降到最低值,与图 10.2(b)(c)以赤糖、糖蜜为底物相比,底物为红薯的产气量及产氢量较低。

10.4.4　底物种类对厌氧发酵生态因子的影响

表 10.1 是底物种类对厌氧发酵生态因子的影响。在平行试验中,用不同的底物厌氧发酵,用红薯、赤糖、糖蜜为底物时其 pH,ORP 分别为 4.37,4.06,4.30 和 −263 mV,−243 mV,−286 mV,其变化趋势不是很明显。COD 去除率分别为 4.1%,12.1%,7.4%,其中红薯发酵时的去除率最低,这说明该底物在发酵时微生物对其的降解和利用率较低,说明此底物不利于厌氧发酵。从工程运行的角度考虑,pH 过高或过低都不利于工艺的推广应用,而且不同底物其最适 pH 也不同。

表 10.1　不同底物厌氧发酵的生态因子

底物种类	COD 去除率/%	pH	ORP/mV
红薯	4.1	4.37	−263
赤糖	12.1	4.06	−243
糖蜜	7.4	4.30	−286

10.4.5　底物种类变化对微生物生态变异性的影响

微生物的种类是微生物发酵产氢的重要影响因素之一,底物种类在微生物发酵产氢过程中受诸多因素的影响,同时也是微生物进行生长和繁殖的基础,不同的微生物对底物的利用具有一定的选择性,本研究在间歇培养中,以厌氧污泥为天然混合产氢微生物的来源,研究不同种类的底物(农业废弃物——红薯、赤糖、糖蜜)对厌氧发酵生物制氢的影响。

图 10.1 是以厌氧污泥为菌种原料,分别以糖蜜、赤糖、红薯为底物时,底物降解过程中挥发性脂肪酸和醇的变化情况。由于糖蜜、赤糖、红薯三者都是多糖,其组成成分复杂,糖相对分子质量较大,不能透过细胞膜被微生物直接吸收利用,微生物对底物首先要经过分解,分解成小分子物质单糖,然后再将其作为生物活动能量的供给者,可被微生物直接利用并作为能量的来源和细胞合成的原料。微生物利用底物开始生长繁殖,并逐渐将底物分解转化为氢气,进入对数生长期后,微生物的生长速度增至最大,微生物数量以几何级数增加,氢气也随之持续产生,由于微生物快速繁殖消耗了大量的有机底物,致使底物质量浓度降低。同时,经过 18 h 的发酵,3 个发酵系统中的总挥发性脂肪酸量都达到最大并保持在 10 000 mg/mL 左右,代谢产物的大量积累对微生物产生了毒害作用,微生物死亡率开始增加,从而进入静止期,继静止期之后,有机底物被耗尽,产氢菌因缺乏营养而利用储存物质进行内源呼吸,此时,微生物死亡数大于新生数,微生物进入衰亡期,产氢结束,液相末端发酵产物量也趋于零。

不同的碳源对底物产氢能力的影响结果示于图 10.2,在给定菌种来源的条件下,不同的底物通过厌氧发酵,均可制备出氢气,但产氢能力存在较大的差异。厌氧微生物对底物产氢能力具有一定的选择性,同质量浓度的碳源——红薯、赤糖、糖蜜,其最佳氢气产量分别为 2.4 mL,8 mL 和 5 mL,相比之下,底物为红薯的氢气产量和体积分数较低,分别为 2.4 mL 和 0.18%。这说明厌氧污泥对底物的产氢发酵具有显著的选择性,同时也反映出不同底物之间结构的差异和降解的难易程度。

在间歇试验启动后,反应停滞阶段时间很短,很快产氢微生物开始生长、繁殖,并对底物进行了降解,产氢能力也逐渐增加,这是因为生物菌群经过一段时间的培养后,逐渐形成了稳定的产氢群落,之后系统逐渐有氢气生成,伴随着发酵的进行,氢气产量逐渐增加,其后进入了持续产氢阶段,随着反应体系中底物逐渐被消耗,产氢能力逐渐下降,培养时间约为 18 h 后,底物红薯发酵反应体系的氢气量减少,底物糖蜜和赤糖经过 30 h 的发酵后产氢量减少,反应体系几乎停止产氢,此时微生物进入衰亡期。以红薯为底物时的产氢量明显低于其他的两种底物,以糖蜜为底物时,微生物生长的停滞期最短,这说明适当底物可以提高微生物的生长速率。

10.5　底物质量浓度对厌氧发酵的影响

10.5.1　底物质量浓度变化对液相末端发酵产物的影响

如图 10.3 所示是研究底物为红薯的质量浓度变化对液相末端发酵产物的影响,考察质量浓度分别为 2 500 mgCOD/L,5 000 mgCOD/L,7 000 mgCOD/L。图中的变化可以很明显地反映出:红薯质量浓度的变化对液相末端发酵产物的影响并不呈现一定的变化规律。在较低的质量浓度为 2 500 mgCOD/L 的情况下,产酸速率较低,在反应进行到 4 h 时才产生出少量的液相酸,反应进行到 12 h 出现最大值 7 100 mg/mL。底物质量浓度为 5 000 mgCOD/L,在加入底物的初期就有液相酸出现,并在发酵进行 8 h 时出现最大值 5 610 mg/mL,随后突然降低并趋于零。当底物质量浓度为 7 000 mgCOD/L,该质量浓度的底物对微生物的生长非常不利,其在反应进行到 4 h 后出现液相末端发酵产物,并且取得最大值 3 430 mg/mL,当反应进行到 12 h 时开始下降,反应经过 16 h 后停止,底物质量浓度与产酸量并不呈现正相关。从图 10.3 的变化中可以看出底物红薯不利于厌氧发酵,不适合作为微生物生长的营养物质。

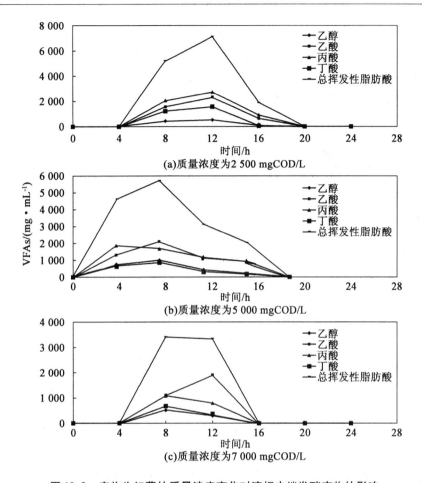

图 10.3　底物为红薯的质量浓度变化对液相末端发酵产物的影响

10.5.2　底物质量浓度变化对产气量及氢气的体积分数的影响

图 10.4 是底物为红薯的质量浓度变化对产气量及氢气的体积分数的影响,当底物质量浓度为 7 000 mgCOD/L,并无氢气产生。底物质量浓度为 2 500 mgCOD/L 时比 5 000 mg-COD/L 的产气量高,其分别是 2.04 mL/h 和 1.69 mL/h,但氢气含量在 5 000 mgCOD/L 时高于 2 500 mgCOD/L,后者是前者的 8.9 倍。这说明底物负荷质量浓度是影响发酵产氢的一个直接影响因子,发酵微生物除了对底物具有选择性之外,对底物的质量浓度也具有一定的选择性,研究证明过高或者过低的浓度都不利于微生物的生长,过高浓度会对微生物产生毒害作用,从而抑制微生物的生长,过低浓度使微生物缺少自身生长的营养物质,从而影响产氢量。

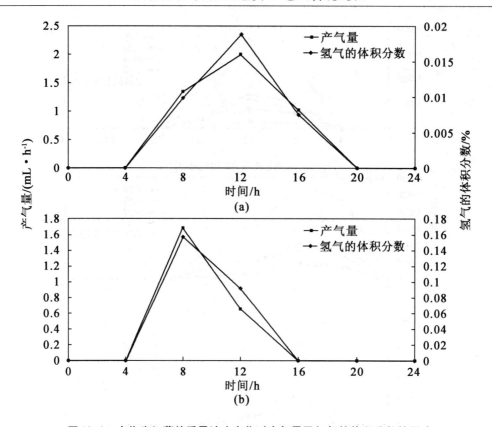

图 10.4　底物为红薯的质量浓度变化对产气量及氢气的体积分数的影响

10.5.3　底物质量浓度变化对厌氧发酵生态因子的影响

表 10.2 是底物为红薯的质量浓度变化对厌氧发酵生态因子的影响情况,其变化与质量浓度的增加并无明显的规律性。当质量浓度为 7 000 mgCOD/L,COD 去除率降低为 0.96,由于质量浓度较大,pH 下降到 3.98,系统的厌氧程度进一步降低。这表明微生物对底物红薯的利用情况并不明显,在一定质量浓度为 2 500 ~ 5 000 mgCOD/L 的范围内,发酵微生物对底物的降解利用程度相当,随着浓度的增加,发酵微生物不适应这种高质量浓度的环境,出现去除率下降的情况,较高的底物质量浓度使得酸性末端发酵产物大量的积累,从而导致 pH 下降,厌氧程度降低。

表 10.2　不同质量浓度底物厌氧发酵的生态因子

红薯质量浓度/(mgCOD · L^{-1})	COD 去除率/%	pH	ORP/mV
2 500	3.98	4.61	−203
5 000	2.88	4.23	−196
7 000	0.96	3.98	−178

10.5.4　底物质量浓度变化对微生物生态变异性的影响

反应系统内的微生物持有量与反应器中底物的质量浓度密切相关。图 10.4 所示的是底物为红薯的质量浓度与产氢量之间的变化趋势,其质量浓度变化与产氢量之间并无一致的变化规律。这说明每种微生物能够利用的底物质量浓度都是有限的,不同底物浓度引起的种间生存竞争也是不同的,微生物对抗负荷冲击的能力也是有限的。

从图 10.1 和图 10.2 定性分析比较可知,底物红薯不适合作为发酵制氢的底物,图10.3 和图 10.4 再次定量分析证明,红薯不利于发酵产氢。图 10.4 说明底物可能对发酵微生物产生毒害作用,并且当底物质量浓度为 7 000 mgCOD/L,并无氢气产生,这说明产酸发酵细菌无法适应这种过剩的营养环境,从而表现出产氢能力为零。

10.5.5　小结

(1)用不同的底物考察了厌氧发酵产氢趋势,结果表明赤糖的产氢潜力最大,其最大产氢量及氢气的体积分数分别为 8 mL 和 0.28%,其底物种类的产氢潜力变化趋势和氢气产量一致,以赤糖为底物,其产氢停滞期最短,在以红薯为底物时,其产氢停滞期最长。

(2)不同碳源的底物产氢能力不同,厌氧污泥对底物降解能力具有一定的选择性。在厌氧发酵产氢体系中,简单和复杂的碳水化合物都是产氢的很好底物,但由于不同底物在组成、分子结构和理化性质等方面存在差异,因而其发酵产氢途径也有所不同。

中编结论

开发和研制应用广泛、高效能的生物制氢反应器,降低生物制氢成本、获取价廉的发酵底物、提高产氢量是现今生物制氢技术的主要方向之一。本研究考察了强化热预处理污泥对 CSTR 反应器的产氢效能及代谢产物的影响,通过负荷和底物变化考察对 CSTR 反应系统的冲击影响,在间歇实验中,底物为红薯、糖蜜、赤糖的质量浓度变化和底物为红薯质量浓度的变化对系统的冲击影响。主要结论如下:

(1)在系统达到稳定的乙醇型发酵的情况下,加入热预处理的强化污泥,第一次强化污泥的活性 VSS/SS 为 55%,其对已经成功驯化的乙醇型发酵菌群的影响表现在:产气量和产氢量分别上升到 6.90 L/d 和 3.32 L/d,分别是强化前的 1.28 和 1.38 倍。末端发酵产物乙酸、乙醇、丙酸、丁酸的质量分数分别增加了 25.5%,31.4%,22.4%,56.5%。第二次强化污泥的活性 VSS/SS 为 56%,产气量和产氢量逐渐增加并稳定为 12.52 L/d 和 5.47 L/d,氢气的体积分数达到 51.9%,乙酸和乙醇的质量分数上升到 77% 左右,总挥发酸的质量浓度为 1 977.323 mg/L,并且在短期内形成了稳定的产氢系统。强化污泥加入系统后,微生物活性在短期内能快速恢复,并且在保持较高产气量和产酸量的情况下,强化污泥在一定负荷的条件下,可以迅速形成产氢能力较高的乙醇型发酵类型,进而保证高的氢气产率。

(2)反应器的污泥量为 25.88 g(MLVSS)/L,进水底物质量浓度为 3 000 mgCOD/L,HRT 为 6.2 h,温度控制在(35 ±1) ℃,以赤糖为底物时的产氢量是以糖蜜为底物时的 2.32 倍,说明产酸发酵菌群对底物具有选择性。发酵系统内微生物群落随着底物的变化发生着连续的演替,优势菌群也不断地发生变化,同一种属的细菌利用不同的原料为底物时的产氢能力和产酸能力存在很大的差异。

(3)在间歇试验中,考察底物(红薯、赤糖、糖蜜)变化对系统的冲击作用,结果表明:赤糖的产氢潜力最大,其最大产氢量及氢气的体积分数分别为 8 mL 和 0.28%,其底物种类的产氢潜力变化趋势和氢气产量一致,以赤糖为底物时,其产氢停滞期最短,在以红薯为底物时,其产氢停滞期最长。说明不同碳源的底物产氢能力不同,厌氧污泥对底物降解能力具有一定的选择性。

参考文献

[1] 任南琪,宋佳秀,安东,等. 末端发酵产物对乙醇型发酵菌群产氢能力及代谢进程的影响[J]. 环境科学,2006,8(27):1608-1612.

[2] 郭婉茜,任南琪,王相晶,等. 接种污泥预处理对生物制氢反应器启动的影响[J]. 化工学报,2008,5(59):1283-1287.

[3] GUO Liang, LI Xiaoming, ZENG Guangming, et al. Enhanced hydrogen production from sewage sludge pretreated by thermophilic bacteria[J]. Energy Fuels, 2010(24):6081-6085.

[4] GUO Xinmei, TRABLY E, LATRILLE E, et al. Hydrogen production from agricultural waste by dark fermentation:a review[J]. International Journal of Hydrogen Energy, 2010:1-14.

[5] WANG Yu, WANG Hui, FENG Xiaoqiong, et al. Biohydrogen production from cornstalk wastes by anaerobic fermentation with activated sludge[J]. International Journal of Hydrogen Energy, 2010(35):3092-3099.

[6] SITTIJUNDA S, REUNGSANG A, OTHONG S. Biohydrogen production from dual digestion pretreatment of poultry slaughterhouse sludge by anaerobic self-fermentation[J]. International Journal of Hydrogen Energy, 2010:1-8.

[7] DAVILA V G, COTA N C B, ROSALES C L M, et al. Continuous biohydrogen production using cheese whey:improving the hydrogen production rate[J]. International Journal of Hydrogen Energy, 2009(34):4296-4304.

[8] 李建政,李楠,张妮,等. 活性污泥的连续流发酵产氢实验研究[J]. 化工学报,2004(55):75-79.

[9] REN Nanqi, WANG Dongyang, YANG Chuanping, et al. Selection and isolation of hydrogen-producing fermentative bacteria with high yield and rate and its bioaugmentation process[J]. Int. J. Hydrogen Energy, 2010(35):2877-2882.

[10] LI Yongfeng, REN Nanqi, CHEN Ying, et al. Ecological mechanism of fermentative hydrogen production by bacteria[J]. Int. J. Hydrogen Energy, 2007(32):755-760.

[11] GUO Liang, LI Xiaoming, ZENG Guangming, et al. Enhanced hydrogen production from sewage sludge pretreated by thermophilic bacteria[J]. Energy Fuels, 2010(24):6081-6085.

[12] 任南琪,宋佳秀,安东,等. 末端发酵产物对乙醇型发酵菌群产氢能力及代谢进程的影响[J]. 环境科学,2006(27):1608-1612.

[13] GUO W Q, REN N Q, WANG X J, et al, Biohydrogen production from ethanol-type fer-

mentation of molasses in an expanded granular sludge bed (EGSB) reactor[J]. Int. J. Hydrogen Energy, 2008, 19(33):4981-4988.

[14] 李建政, 李伟光, 昌盛, 等. 厌氧接触发酵制氢反应器的启动和运行特性[J]. 科技导报, 2009, 27(14):88-91.

[15] WANG Yu, WANG Hui, FENG Xiaoqiong, et al. Biohydrogen production from cornstalk wastes by anaerobic fermentation with activated sludge[J]. International Journal of Hydrogen Energy, 2010(35):3092-3099.

[16] PATRICK C H, BENEMANN J R. Biological hydrogen production: fundamentals and limiting process[J]. International Journal of Hydrogen Energy, 2000(27):1185-1193.

[17] 李建政, 李楠, 张妮, 等. 活性污泥的连续流发酵产氢实验研究[J]. 化工学报, 2004(55):75-79.

[18] HAN Wei, CHEN Hong, JIAO Anying, et al. Biological fermentative hydrogen and ethanol production using continuous stirred tank reactor[J]. International Journal of Hydrogen Energy, 2012(37):843-847.

[19] HAN Wei, WANG Zhanqing, WANG Yan, et al. Biohydrogen fermentation with a continuous stirred tank reactor containing immobilized anaerobic sludge[J]. Advanced Materials Research, 2010:1986-1989.

[20] HAN Wei, WANG Zhanqing, CHEN Hong, et al. Simultaneous biohydrogen and bioethanol production from anaerobic fermentation with immobilized sludge[J]. Journal of Biomedicine and Biotechnology, 2011, 110:219-223.

[21] LI Yongfeng, WANG Zhanqing, HAN Wei, et al. Biohydrogen production from molasses wastewater used mixed culture fermentation[J]. Applied Mechanics and Maerials, 2011 (71-78):2925-2928.

[22] LI Yongfeng, REN Nanqi, CHEN Ying, et al. Ecological mechanism of fermentative hydrogen production by bacteria[J]. International Journal of Hydrogen Energy, 2007(32): 755-760.

[23] MANISH S, BANERJEE R. Comparison of biohydrogen production process[J]. Int. J. Hydrogen Energy, 2008(33):279-286.

[24] RITTMANN B E. Opportunities for renewable bioenergy using microorganisms[J]. Biotechnol. Bioeng., 2008(100):203-212.

[25] BAGHCHEHSARAEE B, NAKHLA G, KARAMANEV D, et al. Fermentative hydrogen production by diverse microflora[J]. Int. J. Hydrogen Energy, 2010(35):5021-5027.

[26] 宫曼丽, 任南琪, 邢德峰. 丁酸型发酵生物制氢反应器的运行特性研究[J]. 环境科学学报, 2005, 25(2):275-278.

[27] 秦智, 任南琪, 李建政. 发酵生物制氢反应器的产氢菌生物强化作用研究[J]. 环境科学, 2007, 12(28):2843-2848.

[28] 宋丽, 刘晓风, 袁月祥, 等. 厌氧发酵产氢微生物的研究进展[J]. 生物工程学报,

2008, 24(6):933-939.

[29] YANG H, SHAO P, LU T, et al. Continuous bio-hydrogen production from citric acid wastewater via facultative anaerobic bacteria[J]. Int. J. Hydrogen Energy, 2009, 31 (10):1306-1313.

[30] CHADIWICH L J, IRGENS R L. Continuous fermentative hydrogen production from sucrose and sugarbeet[J]. Applied Environmental Microbiology, 2011, 57(6):594-595.

[31] KUMAR N, DAS D. Enhancement of hydrogen production by enterobacter cloacae II T – 08[J]. Process Biochemistry, 2010(35):589-593.

[32] GUO W Q, REN N Q, WANG X J, et al, Biohydrogen production from ethanol-type fermentation of molasses in an expanded granular sludge bed (EGSB) reactor[J]. Int. J. Hydrogen Energy, 2008, 19(33):4981-4988.

[33] 任南琪, 秦智, 李建政. 不同产酸发酵细菌产氢能力的对比与分析[J]. 环境科学, 2003(24):70-75.

[34] GU Liang, LI Xiaoming, ZENG Guangming, et al. Enhanced hydrogen production from sewage sludge pretreated by thermophilic bacteria[J]. Energy Fuels, 2010(24):6081-6085.

[35] GUO Xinmei, TRABLY E, LATRILLE E, et al. Hydrogen production from agricultural waste by dark fermentation: a review[J]. International Journal of Hydrogen Energy, 2010:1-14.

[36] REN Nanqi, WANG Dongyang, YANG Chuanping, et al. Selection and isolation of hydrogen-producing fermentative bacteria with high yield and rate and its bioaugmention process[J]. International Journal of Hydrogen Energy, 2010(35):2877-2882.

[37] SITTIJUNDA S, REUNGSANG A, OTHONG S. Biohydrogen production from dual digestion pretreatment of poultry slaughterhouse sludge by anaerobic self-fermentation[J]. International Journal of Hydrogen Energy, 2010:1-8.

[38] DAVILA V G, COTA N C B, ROSALES C L M, et al. Continuous biohydrogen production using cheese whey:improving the hydrogen production rate[J]. International Journal of Hydrogen Energy, 2009(34):4296-4304.

[39] HALLENBECK P, BENEMANN J R. Biological hydrogen production: fundamentals and limiting processes[J]. Int. J. Hydrogen Energy, 2011(27):1185-1194.

[40] PINTO F A L, TROSHINA O, PETER L. A brief look at three decades of research on cyanobacterial hydrogen evolution[J]. Int. J. Hydrogen Energy, 2011(27):1209-1215.

[41] DUNN S. Hydrogen futures: toward a sustainable energy system[J]. Int. J. Hydrogen Energy, 2010(27):235-264.

[42] 汤桂兰, 汤亲青, 黄健, 等. 不同底物种类对厌氧发酵产氢的影响[J]. 环境科学, 2008, 29(8):2345-2349.

[43] WANG Yu, WANG Hui, FENG Xiaoqiong, et al. Biohydrogen production from cornstalk

wastes by anaerobic fermentation with activated sludge[J]. International Journal of Hydrogen Energy, 2010(35):3092-3099.

[44]　周玉东. 红薯淀粉糖化条件的研究[J]. 粮食加工, 2009, 34(1):62-63.

[45]　张彧, 高荫榆, 张锡彬, 等. 红薯茎叶多糖提取物抑菌活性的研究[J]. 食品与机械, 2007, 23(5):84-86.

[46]　朱薇, 博学正, 管天球, 等. 红薯生产燃料乙醇的技术研究[J]. 湖南科技学院学报, 2008, 29(4):47-49.

[47]　李美群, 熊兴耀, 谭兴和, 等. 温度对红薯酒糟沼气发酵的影响[J]. 湖南农业大学学报(自然科学版), 2010, 36(4):233-236.

[48]　DING J, WANG X, ZHOU X, et al. CFD optimization of continuous stirred-tank (CSTR) reactor for biohydrogen production[J]. Bioresource Technology, 2010, 101(18):7005-7013.

[49]　PALAZZI E, FABIANO B, PEREGO P. Process development of continuous hydrogen production by enterobacter aerogenes in a packed column reactor[J]. Bioprocess Eng. , 2010(22):205-213.

[50]　NAKASHIMADA Y, RACHMAN M A, KAKIZONO T, et al. Hydrogen production of enterobacter aerogenes altered by extracellular and intracellular redox states[J]. Int. J. Hydrogen Energy, 2002(27):1399-1405.

[51]　CHANG J S, LEE K S, LIN P J. Biohydrogen production with fixed-bed bioreactors[J]. Int. J. Hydrogen Energy, 2002(27):1167-1174.

[52]　刘敏, 任南琪, 丁杰, 等. 糖蜜、淀粉与乳品废水厌氧发酵法生物制氢[J]. 环境科学, 2009, 5(25):65-69.

[53]　宫曼丽, 任南琪, 邢德峰. 生物制氢反应系统的启动负荷与乙醇型发酵[J]. 太阳能学报, 2005, 26(2):244-247.

[54]　THOMAS A, IOANNIS K A F, TSOLAKIS N, et al. Biohydrogen production from pig slurry in a CSTR reactor system with mixed cultures under hyper-thermophilic temperature (70 ℃)[J]. Biomass and Bioenergy, 2009(33):1168-1174.

[55]　LEE K S, LO Y S, LO Y C, et al. H_2 Production with anaerobic sludge using activated-carbon supported packed-bed bioreactors[J]. Biotechnol Lett. , 2009(25):133-138.

[56]　APH A, AWW A, WPC F. Standard methods for the examination of water and wastewater[M]. Washington, D. C. : American Public Health Association, 1975.

[57]　DING J, WANG X, ZHOU X, et al. CFD optimization of continuous stirred-tank (CSTR) reactor for biohydrogen production[J]. Bioresource Technology, 2010, 101(18):7005-7013.

[58]　HORIUCHI J I, SHIMIZU T, TADA K, et al. Selective production of organic acids in anaerobic acid reactor by pH control[J]. Bioresour. Technol. , 2009(82):209-213.

[59]　FANG H H P, LIU H. Effect of pH on hydrogen production from glucose by a mixed cul-

ture[J]. Bioresour. Technol. , 2009(82):87-93.

[60] 韩伟. CSTR 生物制氢反应器的快速启动及运行特性的研究[J]. 东北林业大学, 2009:1-59.

[61] 李建政, 张妮, 李楠, 等. HRT 对发酵产氢厌氧活性污泥系统的影响[J]. 哈尔滨工业大学学报, 2006, 38(11):1840-1846.

[62] KUMAR N, DAS D. Enhancement of hydrogen production by enterobacter cloacae IIT - BTO8[J]. Proc. Biochem. , 2010(35):589-593.

下　编

生物制氢系统的稳定性

第 11 章　生物制氢系统的稳定性绪论

11.1　课题背景

人们对能源的需求随着科技的发展和生活水平的提高与日俱增,同时也伴随产生了诸多问题,能源与环境的矛盾、能源生产和消费的矛盾,能源危机越来越严峻。按照目前能源的储量和开采速度,石油仅能维持 50 ~ 80 年,煤炭也只能维持 200 ~ 300 年。为此人类在不断地寻找新能源与可替代能源,如太阳能、生物能、风能、海洋能、潮汐能、燃料电池等绿色能源越来越受到科学家的重视。在众多绿色能源中,氢能以燃烧和使用过程中只生成水,不产生任何污染物,可达到污染的"零排放",以及能量密度高、热转化效率高、输送成本低等特点被认为是最理想的清洁能源。

氢气的制备和生产方法主要有物理化学法和生物制氢法。物理化学法主要有水电解法、光化学法、热化学法、等离子化学法等,但这些方法均需耗费大量能量,在生产过程中产生的污染物会破坏地球环境;生物制氢法通过发酵或光和微生物的作用,将有机物分解,获得氢气。与传统的物理化学方法相比,生物制氢法具有清洁、节能、反应条件温和等许多突出的优点,被认为是未来氢能生产的主要替代形式,近年来受到人们的广泛关注。

生物制氢法目前有:光解水制氢、光合微生物产氢、厌氧发酵制氢等多种方法。①光解水制氢是微藻及蓝细菌以太阳能为能源,以水为原料,通过光合作用及其特有的产氢酶系,将水分解为 H_2 和 O_2,此制氢过程不产生 CO_2。但其不能利用有机物、不能利用有机废弃物、在光照的同时需要克服氧气的抑制效应、光转化效率低,从而影响了光解生物制氢技术的发展,制约了规模化制氢。②光合生物产氢利用光合细菌或微藻将太阳能转化为氢能。目前研究较多的产氢光合生物主要有蓝绿藻、深红红螺菌、红假单胞菌、类球红细菌、荚膜红假单胞菌等。而光合生物产氢面临着光合细菌的产氢时间较长、光转化效率高、光合细菌对氧的耐受程度原料成本太高等缺点。③厌氧发酵产氢是利用厌氧产氢细菌在黑暗、厌氧条件下将有机物分解转化为氢气。原料转化效率偏低、产氢速率偏低是目前厌氧发酵产氢的主要问题。对于厌氧制氢来说由于其产氢过程不依赖光照条件,易于实现反应器的放大。

11.2　厌氧发酵生物制氢的理论与实际意义

11.2.1　厌氧发酵生物制氢机理

厌氧发酵过程中,多种微生物共同作用,将大分子有机物转化为甲烷、CO_2、H_2、水、硫化氢和氨等。复杂的有机物厌氧分解过程如图 11.1 所示。

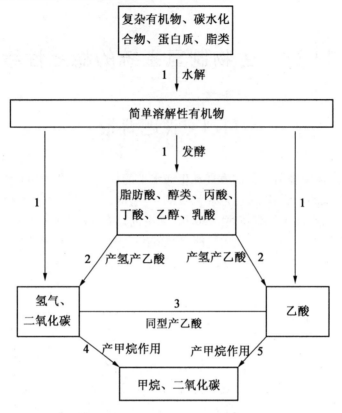

图 11.1　复杂的有机物厌氧分解过程

1—发酵细菌;2—产氢产乙酸菌;3—同型产乙酸菌;4—利用 H_2 和 CO_2 的产甲烷菌;5—分解乙酸的产甲烷菌

　　根据末端发酵产物组成,把污水厌氧生物处理过程中的发酵类型分为 3 类:丁酸型发酵、丙酸型发酵和乙醇型发酵。下面就这 3 种产氢发酵类型的代谢途径加以分析。

1. 丁酸型发酵产氢途径

　　许多研究结果表明,可溶性碳水化合物(如葡萄糖、乳糖、蔗糖、淀粉)的发酵以丁酸型发酵为主,生化反应式见式(11.1):

$$C_6H_{12}O_6 + 4H_2O + 2NAD^+ + 4ADP + 4P_1 \longrightarrow 2CH_3COO^- + 6H^+ + 2H_2 + 2HCO_3^- +$$
$$2NADH + 4ATP \qquad (11.1)$$

2. 丙酸型发酵产氢途径

　　含氮有机化合物(如酵母膏、明胶、肉膏等)的酸性发酵是丙酸型发酵,难降解碳水化合物如纤维素,在厌氧发酵过程也常呈现丙酸型发酵。与产丁酸途径相比,产丙酸途径有利于 $NADH + H^+$ 的氧化,且还原力较强。丙酸型发酵的特点是气体产量很少,甚至无气体产生,主要末端发酵产物为丙酸和乙酸。

3. 乙醇型发酵产氢途径

　　任南琪院士等研究表明这种乙醇型发酵不同于经典的乙醇发酵,此种乙醇型发酵的主要末端发酵产物为乙醇、乙酸、H_2、CO_2 及少量的丁酸。这一发酵类型通过以下发酵途径产生乙醇,如图 11.2 所示。

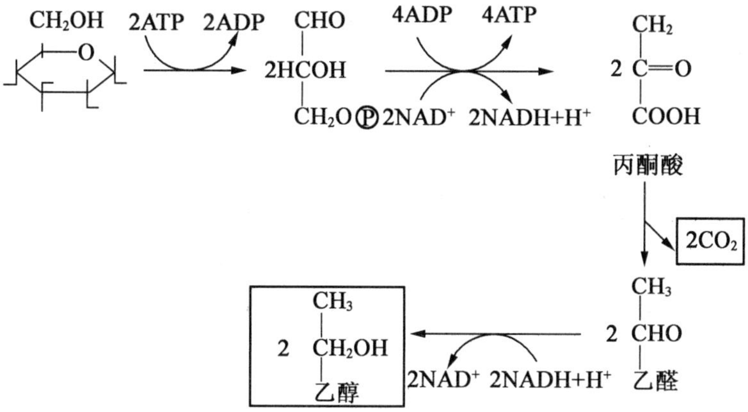

图 11.2　乙醇型发酵途径

11.2.2　厌氧发酵生物制氢的实际意义

现阶段可持续发展战略已成为人们的共识。寻找新能源、开发新能源的合理利用途径已成为人类迫切需要解决的课题。氢气具有清洁、高效、可再生等突出的特点,在 21 世纪,有着十分光明的应用前景,它的应用领域也在不断地扩大。氢气作为保护气应用于电子工业中,以氢作为保护气制备电子管、显像管、集成电路;氢气在冶金工业中可以作为还原剂将金属氧化物还原为金属,在金属高温加工过程中可以作为保护气;在精细有机合成工业中,氢气也是重要的合成原料之一,如合成氨工业中氢气是重要的原料之一;氢气还可以作为填充气在气象观测中应用;在分析测试中氢气可以作为标准气;在气相色谱中氢气可以作为载气。氢能作为未来最有前途的新能源地位已初见端倪。

生物制氢技术因其具有清洁、节能和不消耗矿物资源等许多突出优点而备受世人关注,有关的技术研究在世界各国的共同努力下,不断取得进展。现阶段利用微生物产氢目前尚处于研究探索或小规模试产阶段,离大规模工业化生产尚有不小距离。但是,有关这方面的研究进展,展现了利用微生物生产清洁燃料氢气的广阔前景。2002 年"有机废水发酵法生物制氢技术"已落户哈尔滨市高新技术开发区哈工大国家大学科技园产业化基地环保生物城,进入产业化阶段。无数历史经验证明,应用新的能源技术的国家必将在未来经济发展中占有主导地位。所以,有理由认为加快对生物制氢技术的研发,促使其早日走向成熟,在探索利用微生物生产氢气的道路上,需要不断寻找产氢气能力高的各种微生物,深入研究微生物产氢的原理和条件,完成天然菌种的人工驯化,在此基础上,设计出相应的大规模生产装置系统,达到高产、稳产、低成本 3 项指标,推进生物制氢工业化革命的到来,应该是世界各国的未来重要战略之一。

11.3　生物制氢国内外研究进展

11.3.1　厌氧发酵产氢酶的研究

氢酶是厌氧发酵中起主要作用的酶。目前经研究已获得超过 100 种的氢酶基因序列。

Vigais 的综述中对氢酶的研究进展进行了详细报道；近年来陈志锋等进行了光合细菌酒色着色菌结合态氢酶大小亚基结构基因 hupSL 的克隆和序列分析，发现光合细菌酒色着色菌中确实存在着一种尚未报道的 Hup 膜结合态氢酶，为通过缺失突变等方式改造氢酶和构建高效光合产氢菌株提供了依据。

11.3.2　厌氧发酵产氢不同底物的研究

厌氧产氢技术研究的最终目的是实现规模化工业生产，但必须要考虑生产成本问题。目前大部分研究主要集中在以培养基或有机废水为底物的研究，对资源丰富的城市污水、工农业废弃物、养殖场废水、秸秆等廉价且丰富的可再生资源研究偏少。所以研究现有的有机废物，同时注重以污染源为原料进行产氢的研究，既可降低生产成本又可净化环境。

近年来，利用废弃的原料进行厌氧发酵生物制氢过程的研究大为增加，其中一些达到了中试水平。底物变化逐渐增多，除了人工蔗糖、葡萄糖废水这样的模拟体系以外，目前厌氧发酵生物制氢的底物包括了微结晶性纤维素、淀粉、纤维素等，废纸浆、木质素、豆制品加工废水、米麸、麦麸等有机废物，高固形物含量有机废物、固体垃圾滤液、糖蜜废水等物质中也含有这些基础物质。

徐琰等以不同的天然堆肥作为产氢菌源，考察了不同纤维素类生物质废物的产氢能力，并以麦麸为供氢体，研究了产氢过程的代谢机制和生物液相组成的变化。

城市生活垃圾年产生量已达 1.5 亿 t（人均日产生量为 0.9 ~ 1.2 kg），而且每年以 8% ~ 10% 的速度增长。将固体废物中的有机物厌氧发酵，能同时实现废物减量化和资源化（回收生物气）。日本的 S. Tanisho 等以各种生活垃圾，如剩菜、肉骨等经处理后作为产氢的原料，借助一种梭菌 AM21B 菌株于 37 ℃ 发酵生产氢气，1 kg 垃圾经有效分解代谢可获得 49 mL 氢气，有望实现规模生产。Idania Valdez-Vazquez 等以纸厂废物为底物，接种厌氧消化污泥进行厌氧发酵产氢。

由此也可以看出发酵生物制氢的适用范围极为广泛，可利用各种废弃生物质生产清洁的氢能源。

11.3.3　厌氧生物制氢不同反应器类型对产氢性能影响的研究

研究者还对不同反应器类型的产氢特性进行了探讨。Ueno 最早开始利用 CSTR 反应器进行发酵产氢研究，以糖废水为底物，连续处理 190 d，产氢速度为 198 ~ 34 mmol/(L·d)，其中氢气的体积分数为 64%。Fang 和任南琪院士的研究发现，细菌能够在 CSTR 反应器中自固定化形成小球，他们分别获得了 13.0 L/(L·d) 和 5.7 m³/(m³·d) 的产氢速度；郭婉茜等分别采用 CSTR 和 EGSB（颗粒污泥膨胀床反应器）接种厌氧活性污泥，从糖蜜废水中制取氢气，进行对比，结果表明两个系统均可稳定产氢，发酵类型不受反应器形式影响，与 CSTR 相比，EGSB 具有更好的耐酸能力。Kotsopoulos 等采用超高温（70 ℃）UASB 反应器，以葡萄糖为底物在水力停留时间为 27 h，pH 为 4.8 的条件下，最大产氢率为 2.47 mol/mol；Kraemer 等采用两相氢/甲烷反应器（CSTR - UASB），以葡萄糖为基质，将后段的甲烷发酵残液循环回流至氢反应器，首次提出了两相循环式氢/甲烷发酵工艺的技术路线，结果表明，后段的甲烷发酵残液不循环时产氢率为 1.38 mol/mol，循环后虽然向氢反应器添加的碱量减少了，但产氢率变为 0.18 mol/mol，较之前降低了近 90%。但是，也有报道发现，采用同样的工艺系统,当前段的氢反应器为高温时,可抑制甲烷产生,有效地进行产氢发酵。Chu 等以厨余垃圾为基质,采用两相循环式氢/甲烷(CSTR - CSTR)发酵工艺系统的结果表明,高温氢反应器(pH 控制在 5.5)的氢气产率达到 2.5 ~ 2.8 mmol/mol。

11.4　红糖废水

红糖通常是指带蜜的甘蔗成品糖,一般是指甘蔗经榨汁,通过简易处理,经浓缩形成的带蜜糖。红糖按结晶颗粒不同,分为赤砂糖、红糖粉、碗糖等,因没有经过高度精炼,它们几乎保留了蔗汁中的全部成分,除了具备糖的功能外,还含有维生素和微量元素,如铁、锌、锰、铬等,营养成分比白砂糖高很多。

我国现有大中小型糖厂 500 多家,遍布全国 19 个省区。制糖工业废水是以甜菜或甘蔗为原料在制糖过程中排出的废水。主要来自制糖生产过程和制糖副产品综合利用过程。废水中一般含有有机物和糖分,COD,BOD 质量浓度很高。废水色度深,含氮、磷、钾等元素较高,其中主要来自斜槽废水、榨糖废水、蒸馏废水、地面冲洗水等。

普通制糖厂采用的处理工艺均为简单的二级处理,在我国目前能源短缺的情况下采用生物法进行氢能的生产是废水资源化的新途径。李永峰研究了绵白糖、白砂糖、红糖、面粉、牛奶、玉米粉、淀粉和琼脂等可再生生物质及糖蜜废水的产氢性能,结果表明绵白糖的产氢量最高,其次是白砂糖、红糖和糖蜜废水,面粉、牛奶、玉米粉、淀粉和琼脂发酵产氢量极低。

11.5　大豆蛋白废水常见处理工艺

11.5.1　大豆蛋白废水的特点

实际的生产过程中发现如果采用酸碱法生产出的大豆蛋白档次高,产品性能好,能代替进口产品,具有很高的经济效益。致使现今我国大豆分离蛋白生产企业发展迅速,生产企业所排放的高浓度大豆蛋白废水量也在迅速增加。大豆蛋白生产废水的来源主要包括豆清水、生产车间和设备的清洗水、地面冲洗水、灌装车间的清洗水和产品溢流液、原料处理用水(如泡豆水、煮豆水)等,这些废水处理含有原料浸出物产品溢流液,并混有原料残渣等,因此废水中 COD,BOD 含量均很高,有机物主要以蛋白质和低聚糖为主,还有碳水化合物及少量无机物(NaCl,NaOH,HCl)等。废水中的主要污染物为高浓度有机物与低聚糖、少量无机组分。大豆蛋白废水的 BOD_5/COD_{Cr} 比值在 0.4 左右,易于生物降解,这类废水含有足够的 N,P 等营养物可供微生物生长和繁殖。废水中主要污染物 pH 为 5 ~ 8;COD 质量浓度为19 000 ~ 20 000 mg/L;BOD 质量浓度为 7 600 ~ 8 000 mg/L;悬浮物质量浓度为 1 000 mg/L左右。

大豆蛋白废水是高浓度有机废水,其特点是高温,偏酸性,含有植物蛋白质、糖类、盐类、大量游离性氯离子、硫酸根离子及磷酸盐等,同时混合废水中有大量污染物造成处理难度大。大豆蛋白废水中的固含量可达2%，主要是盐类物质以及乳清蛋白等。此外，大豆蛋白加工废水 pH 较低，给处理设施的稳定运行也带来一定的麻烦。

11.5.2　大豆蛋白废水的处理工艺

国内外许多大豆深加工厂使用预处理 + 水解酸化 + UASB + 活性污泥法 + 过滤工艺方法来处理大豆蛋白废水。这种方法的工作原理是通过絮凝沉淀去除 COD,SS 等有机污染物,利用 UASB 内的厌氧菌的水解、酸化微生物高效分解好氧条件下难以降解的有机污染物,有利于后续好氧生物菌的反应降解有机物质,使整个曝气池的污水在气、固、液内流动,微生物在水流之间产生较大的相对流速,加快了种污泥的更新;提高生物的活性,增强了传质效率,加快了生物的新陈代谢速率;提高生物处理能力,缩短处理时间,提高了处理效果。此方法的特点是:处理负荷高,出水水质优良,性能稳定。

大豆蛋白废水因有许多有机物,传统工厂的处理方法虽然能够有效地降低废水中的有机物浓度,但其中的蛋白质、碳水化合物没有被有效地回收或利用,浪费了大量的资源。针对这一特点研究采用以厌氧为主与好氧相结合的工艺来处理大豆蛋白废水,这是因为:好氧工艺虽然对污染物的去除相当彻底,但大豆蛋白废水的有机物含量太高,很难保证足够的曝气量,且曝气量太大会增加能耗,增大处理费用;而若单独用厌氧工艺,出水水质很难满足要求。

常见于大豆蛋白废水的厌氧生物处理工艺有上流式厌氧污泥床(UASB)、折流板反应器(ABR)、两相厌氧处理工艺等。鲍立新等研究利用 ABR 处理大豆蛋白废水,稳定运行时 COD 去除率能达到97%以上,产气量总量最大为 110 L/d;刘宇红等研究表明,在 ABR 反应器内每个格室接种污泥质量浓度 MLVSS 为 7.98 g/L,稳定运行后 COD 质量浓度在9 000 ~ 12 000 mg/L 时仍能使 COD 去除率达到90%以上,出水 VFA 质量浓度低于 100 mg/L;朱葛夫等利用 ABR 以大豆蛋白生产废水为底物进行发酵制氢,在系统稳定的运行状态下,第一、第二、第三和第四格室的产氢量分别为 12.25 L/d,15.8 L/d,13 L/d 和 10 L/d。

第 12 章　试验装置与方法

12.1　试验装置

本研究中,采用的 CSTR 生物制氢反应器如图 12.1 所示,内设气－液－固三相分离装置,为反应区和沉淀区一体化结构,内设可控可调搅拌器,轴承密闭。采用蠕动泵将配水从进水箱泵进反应器,蠕动泵转速可调,以控制反应器的 HRT;此反应器由有机玻璃构成,反应器总容积 19.0 L,有效容积 8.4 L;反应器外壁缠绕电阻丝,通过温度控制器将反应器内部温度控制在(35±1)℃;反应器产生的发酵气体通过湿式流量计进行计算。

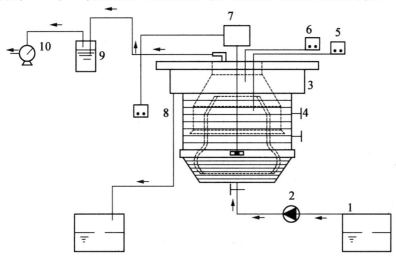

图 12.1　CSTR 生物制氢反应器示意图

1—进水箱;2—蠕动泵;3—反应器;4—取样口;5—温控仪;6—ORP 测定仪;

7—搅拌器;8—出水口;9—水封瓶;10—湿式气体流量剂

本研究中,采用的 UASB(升流式厌氧污泥床)生物制氢反应器如图 12.2 所示。反应器总容积25.5 L,有效容积 18.0 L;反应器由污泥反应区、气－液－固三相分离器(包括沉淀区)和气室三部分组成;反应器由有机玻璃构成,在反应区和沉淀区外缠电阻丝控制反应器内温度保持在(35±1)℃;配水通过蠕动泵由底部进入反应器,经过处理在反应器顶部溢流出水,由湿式流量计计算产气量。

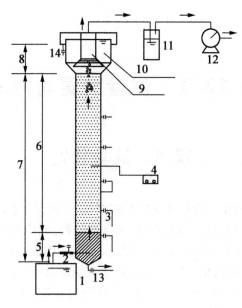

图 12.2　UASB 生物制氢反应器示意图

1—进水箱;2—蠕动泵;3—取样口;4—温控仪;5—污泥床;6—悬浮层;7—反应区;8—分离区;
9—三相分离器;10—沉淀区;11—水封瓶;12—湿式气体流量计;13—排泥口;14—出水口

12.2　接种污泥

本研究中各个反应器所用接种污泥均取自哈尔滨市文昌污水处理厂,二沉池絮凝干燥后污泥,经淘洗过滤后,CSTR 接种污泥加入白砂糖进行驯化,UASB 接种污泥加入糖蜜废水,加入配水间歇曝气,在配水中加入氮磷复合肥使 C:N:P = 1 000:5:1,初始时配水中 COD 质量浓度为 500 mg/L,每隔 5 d 提高 1 倍,COD 最终质量浓度为 10 000 mg/L。污泥由黑色变成沉降性能良好的黄褐色污泥时置入各个反应器。

12.3　试验底物

糖厂的制糖废水中存在大量碳源,容易被微生物分解利用,是很好的制氢资源。据此 CSTR 和 UASB 反应器初始阶段选用市售红糖稀释模拟红糖废水为试验底物。

后期加入的大豆蛋白废水为人工模拟,具体方法为每天称取适量大豆榨成豆浆,并经过 140 目尼龙纱过滤进一步除渣,以模拟大豆蛋白废水进行处理前经过格栅装置,测定 COD 质量浓度,以备调节混合物比例时使用。

12.4　分析项目与方法

为了保证数据的准确性,试验仪器使用前均经标准方法较准;试验中的主要分析项目与相应的监测方法列于表 12.1 中。

表 12.1　主要分析项目与相应的监测方法

主要分析项目	测定方法
pH	pHS - 25 型酸度计
ORP	pHS - 25 型酸度计 + 氧化还原电极
COD	重铬酸钾法(密闭消解)
MLSS,MLVSS	重量法
产气量	LML - 1 型湿式气体流量计
气相组分	GC - 7890 Ⅱ 型气相色谱仪(TCD)
液相末端发酵产物	GC - 7890 Ⅱ 型气相色谱仪(FID)

气相组分及含量采用 GC - 7890 Ⅱ 型气相色谱仪进行分析测定,柱长 2 m,担体 Porapak,50/80 目,热导池检测器(TCD),氮气(体积分数为 99.99%)作为载气,流速为 40 mL/min,用 1 mL 注射器抽气进样,进样量 0.5 mL。

液相末端发酵产物组分及含量采用 GC - 7890 Ⅱ 型气相色谱仪进行测定,柱长 2 m,担体 GDX103,60/80 目,氢火焰检测器(FID),氮气作为载气,流速为 40 mL/min,氢气流速为 130 mL/min,空气流速为 490 mL/min,柱温、进样口温度和检测室温度分别为 140 ℃,200 ℃,220 ℃,进样量为 1 μL。

生物量:取一定体积的污泥,在 105 ℃ 下干燥至恒重,将干燥后的污泥连同坩埚在通风橱内燃烧至不再冒烟,然后放入马弗炉内在 600 ℃ 下灼烧 2 h,待炉温降至 100 ℃ 后取出冷却至室温,称重。

第 13 章　红糖废水乙醇型发酵启动、运行及蛋白废水冲击过程

13.1　红糖废水 CSTR 生物制氢反应器启动

13.1.1　CSTR 反应器概述

本试验采用的 CSTR 反应器由任南琪院士等研制(发明专利 9211473.1)。CSTR 反应器可降低反应器内底物浓度,从而提高反应器的目的产物的选择性;反应器被设计成有搅拌装置,通过搅拌,使反应区内混合液处于紊流状态,减小絮凝体颗粒的界面厚度及温度梯度,提高传质速率;搅拌可促使颗粒及液相 H_2 迅速释放,避免 H_2 积累对生物代谢造成反馈抑制作用。但 CSTR 却很难维持高效的生物量,不能形成良好的颗粒污泥,因此 CSTR 在厌氧发酵工艺中更为常见。

13.1.2　反应器启动相关参数的选取

1. 接种污泥的预处理方法

如何通过工程技术手段对底物预处理工序进行改进、提高底物预处理效率、降低成本是利用有机固体废物进行厌氧发酵制氢急需解决的问题,而如何实现有机固体废物大规模连续产氢也是提高制氢效率的一个关键性难题和研究的热点。现有的接种污泥预处理方法主要有酸/碱处理法、热处理、曝气氧化、超声波处理等。不同的预处理条件对混合菌系的组成有较大的影响,随之对产氢量也会有不同程度的影响。所谓的酸/碱处理法就是接种物在接种前在酸性(pH=3)或碱性(pH=10)的状态下筛选产氢细菌的方法,尤其是酸处理法常被用于连续试验的接种物预处理,并能达到稳定的产氢效果;曝气法可以提高肠杆菌属(*Enterobacter*)等兼性厌氧产氢菌的活性,还可以抑制甲烷菌的活性。

本试验采用间歇曝气与酸处理结合的方法,白砂糖质量浓度最终提高到 10 000 mg/L,因为 COD 质量浓度提高,接种污泥经过驯化 pH 达到 3.2,接种污泥由黑褐色变成黄褐色后接入反应器 CSTR。本研究开始拟用白砂糖为试验底物,其成分单一不具有能源可利用性后改为红糖,所以接种污泥的驯化阶段用白砂糖稀释作为配水,进入反应器后改为红糖为试验底物。

2. 基质微生物比(COD/VSS)

与好氧生物处理相似,厌氧生物处理过程中的基质微生物比(常以有机负荷表示)对其进程影响很大。在有机负荷、处理程度和产气量之间存在平衡关系。一般来说,较高的有机负荷可以获得较大的产气量,但处理程度会降低。为保持系统平衡,有机负荷的绝对值不宜太高。随着反应器中生物量(厌氧污泥浓度)的增加,有可能在保持相对较低污泥负荷

的条件下得到较高的容积负荷,这样能够在满足一定处理程度的同时,缩短消化时间,减少反应器容积。

3.生物量

李建政等研究表明接种污泥量大于 6.5 g/L 产酸相可快速启动,并可在 40 d 左右完成乙醇型发酵菌种的驯化,发酵气体中氢气的体积分数达到 40% ~50% 。

4.反应器启动条件

本试验采用 CSTR 反应器,有效容积 8.4 L,反应器温度(35 ±1)℃,控制 HRT 为 6 h,接种污泥量 MLVSS 4.817 mg/L,以红糖为试验底物初始 COD 质量浓度为 2 000 mg/L 进行启动驯化。每日观察反应器视情况调节搅拌器转速,保证反应器内污泥悬浮且顺利滑落。

13.1.3 反应器启动

由于污泥驯化阶段配水成分单一,接种污泥生物量低,反应器启动阶段又更换试验底物,所以启动时间比较长,反应器运行 77 d 后才产气。启动阶段 pH,ORP,COD 去除率如图 13.1 和图 13.2 所示。

1.启动过程

第一阶段,第 1~17 d 控制入水 COD 质量浓度为 2 000 mg/L,加氮磷复合肥 C:N:P = 1 000:5:1;

第二阶段,第 18~44 d 入水 COD 质量浓度为 2 600 mg/L,根据出水 pH 在入水中人为加入 $NaHCO_3$,控制出水 pH;

第三阶段,第 45~77 d 入水 COD 质量浓度为 4 000 mg/L,添加 3.0 g $NaHCO_3$,第 60 d 起停止加氮磷复合肥。

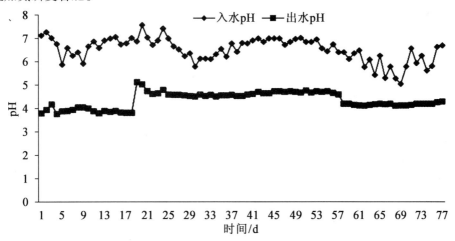

图 13.1 CSTR 反应器启动过程中入水、出水 pH 变化情况

2.试验结果

图 13.1 和图 13.2 反映了启动过程中入水、出水 pH,ORP,COD 去除率的变化规律。由于每天换一次配水且人为添加一定量的 $NaHCO_3$,入水 pH 在 5.4~7.4 之间变化;接种污泥长期在 pH 偏低的环境下驯化,接种前几天较低,之后菌种经过适应出水 pH 升高;经过人为

添加 NaHCO₃ 使出水 pH 最终稳定在 4.1 左右完成启动;不同发酵类型对 ORP 的要求也有所不同,接种初期由于污泥中存在大量好氧菌种,ORP 较高,第 4 d 达到 - 500 mV,之后随着每次 COD 质量浓度的提高而变化,最终趋于稳定在 - 500 mV 左右;在启动阶段 COD 去除率的变化波动较大,接种初期碳源主要维持微生物的生长代谢,去除率较大,但由于周围环境从好氧状态突然变成缺氧状态,细菌不适应环境改变而大量死亡,出水中也有少量的污泥流失现象,生物代谢速率降低,COD 去除率也随之下降;经过适应菌种逐渐恢复活性,COD 去除率也相应提高;每一次增加入水 COD 质量浓度时由于受到高有机负荷的冲击系统有个适应过程,因此冲击开始时 COD 去除率较低后逐渐趋于稳定,最终 COD 去除率在 26% ~ 30% 之间。

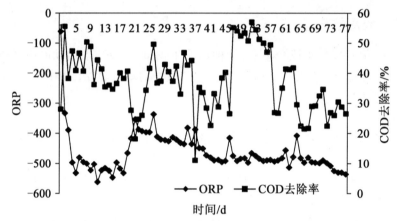

图 13.2　CSTR 反应器启动过程中 ORP 和 COD 去除率变化情况

13.2　红糖废水 CSTR 生物制氢反应器运行

13.2.1　CSTR 生物制氢反应器稳定运行的控制参数

1. 搅拌速度

在 CSTR 反应器中,搅拌器的转动速率决定着生物反应体系的传质效率,进而影响产气量与产氢量。转速较低时,污泥絮体易沉于罐底,较轻的絮体及表面吸附气泡的絮体则会上浮,致使底物反应不完全,产气效率较低;转速适宜时,污泥絮体完全处于悬浮状态,随着搅拌器转速的增加,产氢速率相应增加;转速过高时,产气速率降低。完全混合状态的转速与搅拌器叶轮直径、反应区直径、搅拌机功率等有关系,找到适宜的搅拌速度可以在相同负荷下提高产气量,但当转速过低使污泥没有正常滑落至反应器底部,而是悬挂在反应器壁上,此时应该如何处理可以进一步研究。

2. 生物毒性作用

厌氧生物处理法能处理多种工业废水。工业废水中一般含有毒性物质。产酸菌也和其他一些生物一样,会被工业废水中的毒性物质所抑制。一些含有特殊基团或者活性键的化合物对某些未经驯化的微生物是有毒的,但经过低浓度的驯化以后,其本身也可被微生物厌氧降解。如人们早期认为酚是不可被厌氧降解去除的,但现在人们知道经过 5~30 d 的驯化,酚就可以很容易地被厌氧降解,而且其毒性远远小于对好氧微生物的毒性。

毒性按接触时间长短分为初期抑制(冲击抑制)和长期抑制(驯化抑制)。按抑制程度不同大体上分为基本无抑制、轻度抑制、重度抑制和完全抑制。根据抑制作用是否可逆分为不可逆抑制和可逆抑制,可逆抑制又可根据抑制剂与底物的关系分为竞争性抑制、非竞争性抑制和反竞争性抑制。

常见的毒性物质有无机毒性物质、有机毒性物质。无机毒性物质主要包括氧气、氨氮、硫化物及硫酸盐、无机盐类、重金属等;有机毒性物质有芳香族化合物、抗生素及消化物等。

丙酮为无色液体,易挥发。能与水、乙醇、N-N 二甲基甲酸铵、氯仿、乙醚及大多数油类混溶。工业上主要作为溶剂用于炸药、塑料、橡胶、纤维、制革、油脂、喷漆、电镀等行业中,也可作为合成烯酮、醋酐、碘仿、聚异戊二烯橡胶、甲基丙烯酸、甲酯、氯仿、环氧树脂的重要原料。在精密的铜管制造行业中,丙酮经常被用于擦拭铜管上面的黑色墨水。

虽然制糖业及大豆蛋白的生产工艺中没有丙酮的参与,但生物制氢投入到实际生产应用中,会处理纤维等碳水化合物含量高的污水,如果其生产工艺中带入部分丙酮,可以提早进行处理,或是在培养过程中用低浓度的丙酮进行驯化,达到厌氧处理效果。

本试验做丙酮测试主要达到证明丙酮对产氢菌种的毒性是杀菌性的还是可恢复性的目的。厌氧处理中丙酮的最大容许质量浓度是 800 mg/L 污泥,但对于产酸菌的抑制毒性的大小及最大容许质量浓度还没有明确的数据,这也可以成为以后研究的内容。

13.2.2　CSTR 生物制氢反应器运行过程

1. 运行方案

反应器运行至第 78 d 时有明显产气量,后续阶段的运行过程如下:

第一阶段,第 78~97 d 入水 COD 质量浓度 4 000 mg/L,人为添加 $NaHCO_3$,使出水 pH 维持在 4.2~4.4 之间;第 84 d 入水添加丙酮 0.025 mL/L,第 93 d 停止加入,研究此阶段丙酮对生物体系的毒性作用及生物制氢系统的恢复性。

第二阶段,第 98~112 d 入水 COD 质量浓度 5 400 mg/L,使出水 pH 维持在 4.0~4.1 范围内。

第三阶段,第 113~152 d,再次提高 COD 质量浓度至 6 400 mg/L 发现污泥流失后的处理方法探讨,恢复正常后调低搅拌转速产气量下降,拟订清泥方案观测处理效果;探讨污泥再次流失原因及解决方法。

第四阶段,第 153~186 d,调低 COD 质量浓度至 4 000 mg/L,再次检测搅拌转速过低的处理方法是否有效。

2. 实验结果

(1)运行阶段的 pH,ORP。

乙醇型发酵要求反应体系内 pH 在 4~4.5 之间,ORP 在 -450~-200 mV 之间。试验过程由于人为添加 $NaHCO_3$ 使出水 pH 维持在稳定范围内。从图 13.3 中可以看出出水的 pH 并未受到入水 pH 变化的影响,在第 98 d 提高 COD 质量浓度时 pH 也并没有明显下降,说明此时反应器内的活性污泥已具备良好的酸碱缓冲性能,使产氢菌能够良好的生长,提高了反应器进一步应对外界条件变化的抵抗力;而且这种现象也说明酸性预处理的接种污泥能够比较好地适应此种环境。运行各阶段 ORP 的变化幅度及状况不大,维持在 -500 mV

左右,在第四阶段 COD 质量浓度降低时,ORP 数值些许提高至 – 450 mV 左右,进而证明了通过容积负荷的提高或降低比较容易实现 ORP 的升降。

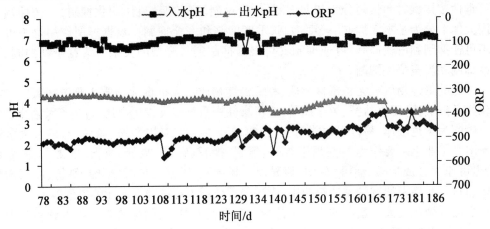

图 13.3 CSTR 反应器运行阶段入水、出水 pH 及 ORP 变化情况

(2)运行过程中的 COD。

运行过程中,入水 COD 及 COD 去除情况如图 13.4 所示。入水 COD 经过两次提高、一次降低过程,COD 去除率随着入水条件的改变而改变。

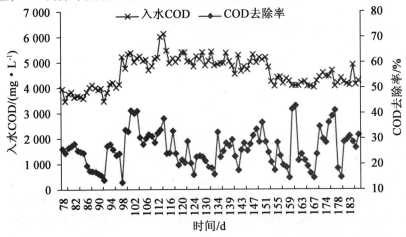

图 13.4 CSTR 反应器运行阶段入水 COD 及 COD 去除率变化情况

第一阶段,产氢刚开始时由于系统不稳定,COD 去除率为 24% ~28%,入水中加入丙酮,由于这种物质的毒性作用影响产氢菌种的代谢活性,COD 去除率下降,第 93 d 停止加入后,COD 去除率恢复,证明丙酮对制氢菌种有毒害作用但并不是完全破坏厌氧过程,此种抑制作用可恢复。

第二阶段,COD 质量浓度提高当天去除率降低,菌种不适应负荷的突然提高而使 COD 去除率降至 12.86%,后经过适应 COD 去除率明显提高,然而随着反应内液相末端发酵产物挥发酸的大量产生,导致一部分菌种不适应而大量死亡,使 COD 去除率再次降低,随着反应器的继续运行,菌种适应了这种变化,COD 去除率渐渐稳定在 28% ~31% 之间,较第一阶段有所提高,生物量为 6.67 g/L。

第三阶段，由于再次提高入水 COD 质量浓度，使大量菌种不适应此变化迅速死亡，污泥有所流失，随即降低入水 COD 质量浓度，稳定一段时间后，第 118 d 开始逐渐调低搅拌器转速，开始时由于污泥没有悬挂在反应器壁各项指标均正常，然后逐渐降低，第 124 d COD 去除率降至此阶段最低为 15.94%，观察发现反应器内污泥量减少，但未发现污泥流失，从外观上能看到反应器器壁上有污泥悬挂，生物量降至 5.39 g/L。适时调至初始搅拌速率 2 d，观测 COD 去除率回升，产气量却减少，证明此种方法失败，为避免污泥悬挂器壁时间过长而失去活性，打开反应器进行人为清理后迅速封闭，尽量使清理过程污泥不暴露在空气中，继续观测 COD 去除率迅速回升，生物量提高至 6.23 g/L。稳定后 COD 去除率渐渐回升，自发现第一次污泥大量流失问题后在出水口接一个 1 L 量筒，让流失污泥在此沉降，第 139 d 发现污泥大量流失生物量再次下降，开始发现污泥流失时由于各项指标正常没有做处理，随后 3 d 污泥继续大量流失，为避免启动失败，把收集到的污泥在次日入水时从入水口进入反应器进行循环观测处理效果，系统稳定，COD 去除率一直保持在 28% ～33% 之间，污泥流失现象减缓。污泥流失原因可能是由于上一阶段的人为破坏使部分菌种死亡而大量流失。因此提出设想，此种处理方法是否可以在反应器上安装一污泥回流装置，解决因大量污泥流失迫使反应器启动失败的问题。

第四阶段，为避免因在此发生 COD 质量浓度过高引起污泥流失现象，也为下一步大豆蛋白废水的冲击做准备，在第 153 d 降低入水 COD 质量浓度，COD 去除率也随之下降，后升高，中间又在第 161 ～170 d 之间尝试转速对反应器产氢效果及处理方法，对各项指标的变化情况与第三阶段中的实验情况大致相同，因此可以说明搅拌速率对生物制氢反应器的产氢效果非常明显，必须使污泥达到完全悬浮的状态才能进行良好稳定的厌氧发酵，一旦由于转速过低导致污泥挂壁，为了快速恢复可采用人为恢复方法，但此法容易使菌种暴露于空气中大量死亡，因此提出一种设想是否可以改进装置，在反应器器壁中安装一自动刮泥装置，平时闭合，定期打开，解决因搅拌而使污泥挂壁的问题。

（3）运行阶段产气量及氢气的体积分数。

运行阶段产气量及氢气的体积分数与入水 COD 之间的关系如图 13.5 所示。表明产气量总体会随着入水 COD 质量浓度的提高而呈现先升后降直至稳定，而入水 COD 质量浓度由高变低时产气量会先降后升直至稳定；在第一阶段丙酮毒性试验阶段，产气量和氢气的体积分数随着丙酮的添加降低，使菌群周围的环境发生改变影响菌种的传质效率，停止添加丙酮后及时恢复；在第三、四阶段搅拌转速试验中产气量随着生物量的减少而下降，随着生物量的恢复而增加，两次试验产气量的变化趋势大致相同，虽然产气量降低但氢气的体积分数并有发生多大的变化而是总体成逐渐上升趋势；第二、三阶段入水 COD 质量浓度下氢气的体积分数大致稳定在 55% 左右，最高达到 70.99%，第三阶段最大产气量为 18.29 L/d；第四阶段氢气的体积分数稳定在 60% 左右，形成稳定的乙醇型发酵。

（4）运行过程中液相末端发酵产物的变化。

运行过程中液相末端发酵产物变化情况如图 13.6 所示，液相末端发酵产物含量是在有产气量开始时才开始测定的，测定初期还有少量的丁酸，但随着反应器的继续运行丁酸含量趋近于 0；乙醇的质量浓度由最初的 495.983 mg/L 到第三阶段结束时的 1 100 mg/L 左右，提高 2 倍；第四阶段结束乙醇的质量浓度稳定在 750 mg/L 左右；乙酸含量的变化幅度比较大，但总体呈先升后降的变化趋势，第三阶段后期由于回流污泥的影响带进去少量的末端发酵产物，因此乙酸含量在此处有所提高，第四阶段乙酸的平均质量浓度在 700 mg/L 左右;液相末端发酵产物中丙酸的质量浓度在整个运行过程都比较低。由乙醇和乙酸的质量浓度表明在第三阶段系统已经形成稳定的乙醇型发酵。

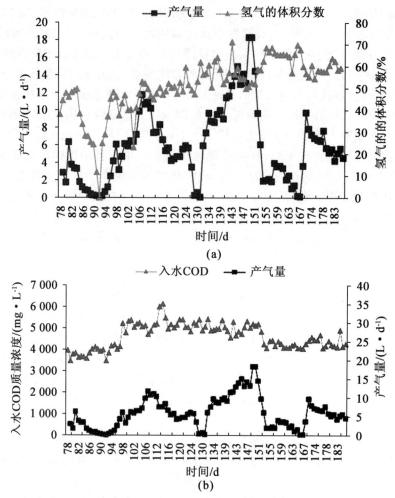

图 13.5　CSTR 反应器运行阶段入水 COD 与产气量、氢气的体积分数变化情况

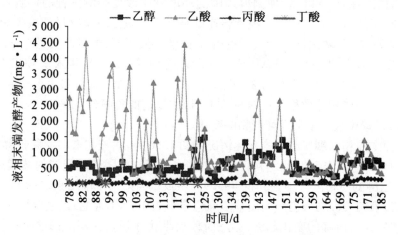

图 13.6　CSTR 反应器运行阶段液相末端发酵产物变化情况

13.3　红糖底物与大豆蛋白废水冲击过程

13.3.1　概述

在 CSTR 稳定运行的基础上,研究红糖与大豆蛋白废水的对冲过程,观测对冲时期的各项指标变化。

资料表明,大豆蛋白废水在处理过程中,因其自身具有的特点含有大量多聚糖和部分蛋白质,水成分单一,蛋白质总碳含量较高,污泥温度较高时易于酸化。如果制氢接种污泥长期受蛋白废水的驯化,容易包裹在污泥表面,影响其传质效率最终使污泥失活形成浮渣,导致污泥流失,反应器启动失败。

资料表明,用 UASB 处理大豆蛋白废水时因为蛋白质的含量较高,会促进泡沫的产生使污泥漂浮,在集气室和反应器液面形成浮渣层,影响沼气的顺利释放。解决方法是可采用弯管通入集气室液面下方,通过沿液面移动来吸出浮渣。

为避免在 CSTR 反应器处理大豆蛋白废水时出水堰出现浮渣导致出水受阻,影响处理效果,在配置大豆蛋白废水时预先过滤,使大豆蛋白废水中的浮渣状大分子物质预先被过滤掉,再进入反应器。

通过试验如若用 CSTR 直接处理大豆蛋白废水则启动时间过长,如若直接把底物由红糖直接全部换成大豆蛋白废水,则有可能使反应器运行失败。所以本试验拟订按比例混合红糖与大豆蛋白废水,观测对冲效果。

13.3.2　冲击结果分析

利用 CSTR 以红糖为底物的生物制氢发酵稳定产氢,并形成良好的乙醇型发酵后,改变底物的成分,红糖和大豆蛋白废水比例为 3:1,保证入水 COD 质量浓度在 4 000 mg/L,对冲一段时间后,第 206 d 恢复至原来红糖底物含量,观测对冲过程中各项指标的变化情况。

1. 混合底物发酵过程中的入水、出水 pH 及 ORP 变化情况

如图 13.7 所示,在整个混合底物投加的过程没有人为调控 pH,投加初期入水 pH 下降,后因大豆蛋白废水的作用,入水 pH 有所回升后稳定在 6.5 左右。出水 pH 在整个对冲过程中变化不大,只有微小的变动,维持在 4.0 左右。对冲过程中的 ORP 变化较大,混合底物投加,由于底物成分的改变,ORP 升高,较前期稳定时较高,在 −400 ∼ −500 mV 范围内波动;混合底物变单一红糖底物后 ORP 则继续下降。

2. 混合底物发酵过程中的 COD 去除率变化情况

如图 13.8 所示,混合底物投加初期,COD 去除率变化较大,呈先升后降的趋势,最终稳定在 20% 左右,较前段时间稳定时 COD 去除率(图 13.4)的 30% 左右有所下降。当底物恢复时,COD 去除率又缓慢上升,说明混合底物虽然影响了 COD 的去除效果但并没有使原有的适合红糖的产氢菌完全受到抑制,活性可恢复。

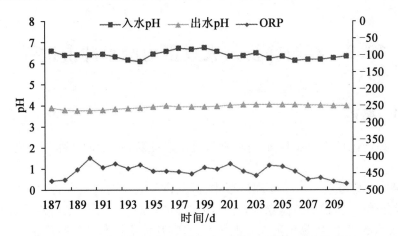

图13.7　混合底物发酵过程中入水、出水 pH 及 ORP 变化情况

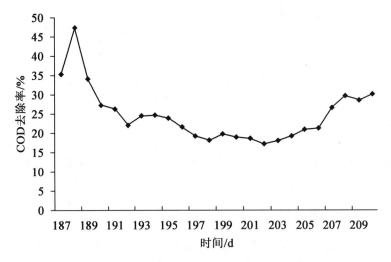

图13.8　混合底物发酵过程中 COD 去除率变化情况

3. 混合底物发酵过程中产气量与产氢量变化情况

如图13.9 所示,整个过程中产气量与产氢量有大致相同的变化趋势,开始时波动较大,后来产气量在 0.8 L/d 左右,也正是因为此时产气量过低,没有在继续改变混合物的比例,因为在实际处理过程中以较高的产气量为前提,此种投加比例较为适宜。氢气的体积分数在混合物投加后期稳定在 35% 左右,较前段稳定时期的 60% 左右降低近一半;变为单一底物后,氢气的体积分数缓慢上升。

4. 混合底物发酵过程中液相末端发酵产物的变化情况

如图13.10 所示,混合底物投加初期,液相末端发酵产物的总量呈降 - 升 - 降 - 升的趋势,开始时波动较明显,底物的突然改变影响了菌种的代谢,随着混合底物的继续投加,乙醇、乙酸含量在第 196 d 开始增加,而丙酸含量先增后少,第 202 d 乙醇、乙酸含量由第196 d 的770.418 mg/L,354.461 mg/L 增加到 1 053.184 mg/L,872.957 mg/L,乙醇含量增加 0.5 倍,乙酸含量增加了 1 倍,此时乙醇、乙酸总量占液相末端发酵产物总量的 92% ,仍是乙醇型发酵,也说明有部分菌种已经可以代谢大豆蛋白废水。变为单一底物后,液相末端发酵产物总量先降后升,改变可恢复。

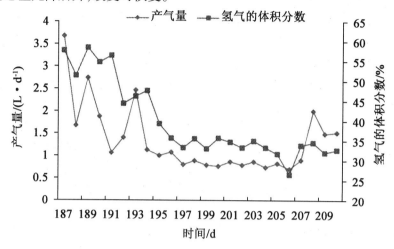

图13.9　混合底物发酵过程中产气量及氢气的体积分数变化情况

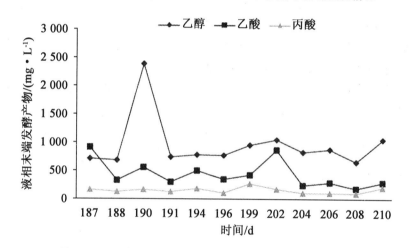

图13.10　混合底物发酵过程中液相末端发酵产物变化情况

13.4　本章小结

本章介绍了以红糖为底物的 CSTR 生物制氢反应器的启动与运行过程,并在稳定阶段进行红糖与大豆蛋白废水混合底物的对冲试验。总试验历时 210 d,在接种后在第 60 d 停止加氮磷复合肥,采用的工程控制参数为:温度(35 ±1)℃,HRT 为 6 h,入水 pH 在 6~7 之间。所得实验结果如下:

(1)启动阶段入水 COD 质量浓度由 2 000 mg/L 分两次提高到 4 000 mg/L,COD 去除率初始时变化较大,但由于菌种的优化,最终启动阶段结束时 COD 去除率能维持 26% ~ 30%,ORP 一直维持在 -500 mV 左右,出水 pH 在 4 左右。

(2)由于接种污泥量 MLSS 为 4.817 g/L,比较低,启动时间较长,但发酵产氢后稳定,抗冲击能力强,致使产氢后很快达到稳定状态。

(3)丙酮对制氢菌种的毒性属于可逆抑制。但其影响浓度及最大耐受浓度可做进一步研究。建议如果遇到处理含有丙酮的废水,可对污泥用丙酮进行长期驯化,经过足够时间驯化的污泥再处理含有有毒物质的污水其活性不会下降太多。

(4)搅拌速度对 CSTR 生物制氢系统的产气量起到至关重要的作用。应随时调控生物体系的生物量,并观察反应器器壁及反应器内污泥的混合情况,做出判断。一旦因搅拌转速过低引起污泥挂壁,调高搅拌转速可打碎污泥菌胶团,改变菌种结构,但调高搅拌转速无效果时可尝试打开反应器人工处理,但为避免污泥与空气接触,处理过程应迅速。处理过后反应器能很快恢复至改变之前的水平。为此以后的试验中必须注意搅拌转速,保证污泥在完全混合下进行生物发酵,中式和实际生产中可考虑加入刮泥装置避免意外的发生。

(5)运行至稳定产乙醇阶段时,入水 COD 质量浓度为 5 400 mg/L,最大产气量为 18.29 L/d,氢气的体积分数达 50.87%,COD 去除率为 28.71%,乙醇、乙酸的质量浓度分别为 1 108.632 mg/L,2 558.334 mg/L。入水 COD 质量浓度降为 4 000 mg/L 左右,稳定时产气量在 5 L/d 左右。氢气的体积分数达 60%,COD 去除率为 30% 左右,乙醇、乙酸的质量浓度在 650 mg/L,400 mg/L 左右。属于乙醇型发酵。

(6)混合物发酵制氢阶段,红糖和大豆蛋白废水浓度比为 3:1,总入水 COD 质量浓度控制在 4 000 mg/L,比较稳定后 COD 去除率为 20%,产气量为 0.8 L/d,氢气的体积分数为 35%,乙醇、乙酸的质量浓度最大为 1 053.184 mg/L,872.957 mg/L。混合底物发酵阶段也属于乙醇型发酵。

第 14 章　UASB 生物制氢系统运行与大豆蛋白废水冲击过程

14.1　UASB 生物制氢反应器概述

升流式厌氧污泥床(UASB)自问世以来,大型反应器被荷兰首先应用于甜菜制糖业的废水处理中。因其体系能易于形成颗粒污泥,能最大限度地保证生物量的持有率,进而提高产氢能力;并且污泥在反应器内停留时间很长,而废水在反应器内的 HRT 较短,因此 SRT 大于 HRT,使得反应器具有很高的容积负荷率并能维持稳定运行;反应器不需要投加填料和载体、避免了堵塞问题等优点被许多厌氧生物处理的学者所热衷。

与其他的厌氧处理设备相同,UASB 反应器也同样存在一些弊端。颗粒污泥随着气泡的上升,依靠自身重力作用与气泡分离返回到反应区。这一过程与污水的上流速度和气流的上升速度有很大的关系。由于这两种速度都很难控制,所以很容易发生污泥的流失;且反应器的传质效率难以保证。

UASB 工艺也常用在大豆蛋白废水的处理工艺中,COD 去除率能达到90%。

14.2　厌氧消化过程中的 pH

厌氧微生物的生命活动、物质代谢与 pH 有着密切的关系,pH 的变化直接影响着消化过程的消化产物,不同的微生物要求不同的 pH,过高或过低的 pH 对微生物是不利的,因为生物体内的酶只有在最适宜的 pH 时才能发挥最高的代谢活性,不适宜的 pH 能使酶的活性降低,进而影响微生物细胞内的生物化学过程,而过高或过低的 pH 都会降低微生物对高温的抵抗力。因此,在厌氧系统的运动中,pH 通常作为重要的监测指标之一。

14.3　USAB 生物制氢反应器的运行参数与方案

本试验利用实验室同组人员在 UASB 反应器内驯化稳定的生物制氢污泥进行研究。以红糖废水为底物,入水 COD 质量浓度控制在 4 000 mg/L,HRT 为 8 h,运行过程中不投加其他营养物质。

第一阶段,第 1~17 d 保证入水 COD 质量浓度使反应器恢复稳定。因接手反应器前同组人员用此反应器内菌种进行其他试验,为保证试验数据的稳定性,只加一定浓度的红糖废水使反应器稳定运行。

第二阶段,第 18~55 d,入水分阶段人为添加 NaHCO₃ 提高 pH,研究出水 pH 与产氢效果的关系。每次提高 pH 后稳定 4~5 d 使下一阶段的变化不会受到影响。

第三阶段,第 56~90 d,入水中按不同比例混合大豆蛋白废水与红糖废水,但仍保证入水 COD 质量浓度在 4 000 mg/L,研究不同混合比例底物与产氢效果的关系。

添加的大豆蛋白废水为人工模拟废水,进入反应器前去除浮渣,处理方法同前。

14.4　结果分析

14.4.1　入水、出水 pH 与 ORP 变化情况

UASB 运行过程中入水、出水 pH 及 ORP 变化情况如图 14.1 所示。

1. 入水、出水 pH

入水 pH 在第二阶段由于人为添加 NaHCO₃ 使其数值有所提高,变化波动较为明显,但出水 pH 在整个运行当中没有过大波动,第一阶段由于除了红糖底物并未添加任何物质,出水 pH 稳定在 3.72 左右;第二阶段通过人为添加 NaHCO₃ 以提高出水 pH,寻找最适 pH,分别提高至 3.80,3.85,3.94,3.98,观测其他控制参数的变化情况;第三阶段由于底物的混合投加,加上大豆蛋白废水自身的作用,混合底物中没有再人为投加 NaHCO₃,出水 pH 逐渐升高,当混合底物中大豆蛋白废水的比例降低后,出水 pH 再次降低。

2. 运行过程中的 ORP

试验表明,由于原 UASB 反应器内菌种发酵情况良好,整个运行过程中 ORP 都维持在 −400 ~ −500 mV 之间,当第三阶段开始时,随着混合底物中大豆蛋白的含量增高而增高,随其降低而降低。

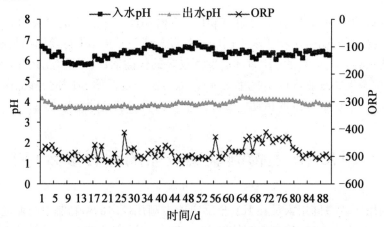

图 14.1　UASB 反应器运行阶段入水、出水 pH 及 ORP 变化情况

14.4.2　COD 去除率变化情况

UASB 运行阶段 COD 去除率变化情况如图 14.2 所示,在反应器的运行过程中控制入

水 COD 质量浓度一直维持在 4 000 mg/L。第一阶段 COD 去除率较低,稳定时维持在 12% ~ 15%;第二阶段开始后,每次提高 pH 时 COD 去除率都呈现降 – 升 – 降直至基本稳定的趋势,出水 pH 为 3.80,3.85,3.94,3.98 稳定时的 COD 去除率平均值分别为 23%, 16%,24%,28%;第三阶段,红糖与大豆蛋白废水的浓度比梯度为 3:1,1:1,3:1,1:0,开始时由于混合底物的投加 COD 去除效率下降,一方面原因是因为突然改变底物成分菌种不适应,另一方面由于 UASB 适合处理的高浓度大豆蛋白废水含量少,随后提高大豆蛋白废水的比例,COD 去除率也随之增加,但发现产气量和产氢量下降明显,所以在此降低大豆蛋白废水的比例,COD 去除率也随之降低。

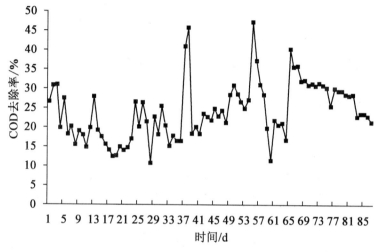

图 14.2　UASB 反应器运行阶段 COD 去除率变化情况

14.4.3　产气量与氢气的体积分数变化情况

运行阶段反应器的产气量与氢气的体积分数变化情况如图 14.3 所示。试验表明,以红糖为底物,COD 入水质量浓度维持在 4 000 mg/L 稳定时,第一阶段产气量稳定时达 9 L/d 左右;第二阶段提高 pH 后产气量呈先升后降的趋势,产气量最大时在 pH 为 3.94 时达 15 L/d,是 pH 提高前的 1.7 倍。Hwang 利用 CSTR 反应器的研究认为 pH 低于 4.0 时,所有微生物都会受到抑制,所以,pH 为 4.0 通常被认为是发酵法生物制氢工艺中的控制下限,但本研究中,UASB 此段运行过程一直是在 pH 小于 4.0 条件下运行的,并且当 pH 达 3.94 时产气量最大。这与郭婉茜等研究中发现 EGSB(颗粒污泥膨胀反应器)在 pH 为 3.9 时形成高效产氢的研究结果大致相同。第三阶段混合底物投加过程中产气量有所下降,大豆蛋白废水比例越高产气量越低,降低大豆蛋白废水比例后产气量随之恢复,结果表明处理红糖废水与大豆蛋白废水混合型底物时,红糖与大豆蛋白废水浓度比为 3:1 时处理效果较好,产气量约为 9 L/d。氢气的体积分数在第一、二阶段均在 60% 左右,最高时达 67.73%;在第三阶段由于突然改变底物成分而菌种不适应的关系初始时波动较大,后随着大豆蛋白废水的比例增高而减少,随大豆蛋白废水的比例降低而增加。但产气量没有原先未做改变时大,原因是产氢菌种受到混合底物中大豆蛋白废水的影响,生物特性发生了一定改变,需要恢复一段时间才能达到原来的水平。

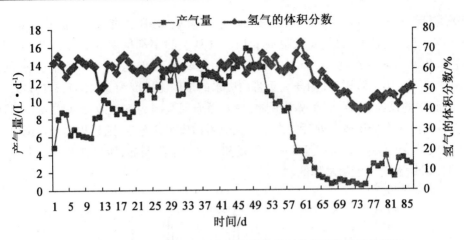

图 14.3　UASB 反应器运行阶段产气量与氢气的体积分数变化情况

14.4.4　液相末端发酵产物变化情况

UASB 反应器运行阶段液相末端发酵产物变化情况如图 14.4 所示。由于反应器开始运行时期已经达到了稳定的乙醇型发酵阶段,液相末端发酵产物中乙醇、乙酸的质量浓度相对较高,丙酸的质量浓度较少,第一阶段稳定后乙醇、乙酸总计占液相末端发酵产物的 85% ~90%;第二阶段开始后,乙醇、乙酸的质量浓度变化趋势相同,含量最大时出水 pH 为 3.94,此时乙醇、乙酸总计占液相末端发酵产物的 90% ~93%;第三阶段,随着混合底物的投加,乙醇、乙酸的质量浓度降低,丙酸的质量浓度逐渐升高,但乙醇、乙酸的质量浓度仍大于丙酸的质量浓度。

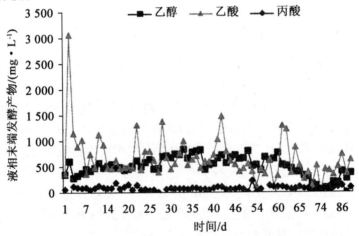

图 14.4　UASB 反应器运行阶段液相末端发酵产物变化情况

14.5　本章小结

　　本章介绍了 UASB 反应器利用红糖厌氧发酵制氢的最适 pH 的探讨及红糖和大豆蛋白混合型底物的处理效果研究。运行阶段工程控制参数入水 pH 为 5.5 ~ 7.0，入水 COD 质量浓度控制在 4 000 mg/L，HRT 为 8 h，反应器内温度为(35 ±1) ℃。所得结果如下：

　　(1)利用 UASB 以红糖为底物的发酵制氢，在稳定产氢后，改变出水 pH，当 pH 为 3.94时，产气量最大达到 15.82 L/d。资料表明，产酸菌在 pH 低于 4.0 的环境下易出现酸化情况导致运行失败，但本试验发现当 pH 低于 4.0 时产酸菌仍具有活性，只是活性有所降低。入水 COD 质量浓度为 4 000 mg/L，pH 分别为 3.80，3.85，3.94，3.98 进行驯化，比较产氢量，pH 为 3.94 时产氢效果最好。此时形成稳定的乙醇型发酵，液相末端发酵产物中乙醇、乙酸总计高达93%。突破发酵制氢 pH 为 4.0 的下限值，可使工程应用中为调节 pH 而投加碱性物质的费用大大降低，体现了 UASB 反应器的优越性。

　　(2)利用 UASB 处理红糖与大豆蛋白废水的混合底物时，要控制好大豆蛋白废水的含量，最好控制红糖与大豆蛋白废水的浓度投加比例为 3:1，此比例下产酸菌的活性受抑制性较小，能够比较好地完成发酵制氢过程。

第 15 章 混合底物在 CSTR 和 UASB 中制氢效果对比

CSTR 与 UASB 两种生物制氢反应器在稳定运行后都处理了红糖与大豆蛋白混合底物，现对两反应器在处理混合底物的过程做以下对照研究。对比红糖和大豆蛋白废水混合底物在 CSTR 反应器和 UASB 反应器中的制氢效果，各参数的变化情况如图 15.1 所示，左列为 CSTR 反应器入水 pH、出水 pH、ORP、COD 去除率、产气量、氢气的体积分数、液相末端发酵产物的变化情况；右侧对应为 UASB 各参数的变化情况；图中的比例为浓度比。两反应器入水 COD 质量浓度均控制在 4 000 mg/L，入水 pH 在 6~7 之间变化。

对比后发现：

(1)运行稳定的两反应器都形成了典型的乙醇型发酵，当其受到混合底物的冲击时出水 pH 均有升高，同一混合比例的条件下，UASB 上升速度较快。

(2)反应器内 ORP 值：两反应器在受到混合底物的冲击时 ORP 值均上升，变化趋势相同，对冲结束时 ORP 值下降。由于对冲底物的投加，两反应器内的产酸菌均因不适应环境的改变发生了较大的波动。因有机物、H_2 等所占的比例越大，氧化还原电位值就越低，体系中所形成的厌氧环境就会越适合厌氧微生物生长，因而可以预计体系产氢气的含量的变化趋势。

(3)COD 去除率：CSTR 反应器在稳定运行后期 COD 去除率为 30% 左右，混合底物投加至 COD 去除率稳定时降至 20%；UASB 反应器在稳定运行后期的去除率为 28%，混合底物 3:1 比例投加时变化较大，去除率下降，底物变为 1:1 后稳定在 30% 左右，证明了 UASB 反应器自身处理大豆蛋白废水有一定的优势；恢复红糖的过程中 CSTR 的 COD 去除率缓慢上升，而 UASB 的去除率呈下降趋势。

(4)产气量及氢气含量：因接种时期的污泥浓度不同，加上驯化过程中有所流失，本试验中 CSTR 反应器在稳定运行后期的产气量在 5 L/d，较 UASB 反应器同一时期的产气量低，氢气的体积分数两反应器在稳定运行后期均达到 60%。混合底物在投加过程中对两反应器的影响情况大致相同。如若设定混合底物发酵制氢过程中具有同样的产气量效果，可选用 UASB 反应器，因其在产气量为一定的前提下对 COD 的降解速率大于 CSTR 反应器。

(5)液相末端发酵产物的变化：混合底物投加的过程中液相末端发酵产物也因环境的改变发生变化，两反应器达到同一产气量的过程中，乙醇、乙酸都有增加 – 减少的变化，但又有差别：CSTR 反应器对冲过程中，乙醇的质量浓度大多大于乙酸的质量浓度；而 UASB 体系的变化比较大，乙酸变化幅度比较大，且多数时超过乙醇的质量浓度。说明就液相末端发酵产物而言，CSTR 反应器比 UASB 反应器更易处理混合型底物。

(6)如若设定混合底物发酵制氢过程中具有同样的产气量效果，可选用 UASB 反应器，因其在产气量为一定的前提下对 COD 的降解速率大于 CSTR 反应器。如若要长期处理混合型底物且形成乙醇型发酵，CSTR 反应器比 UASB 反应器稳定。

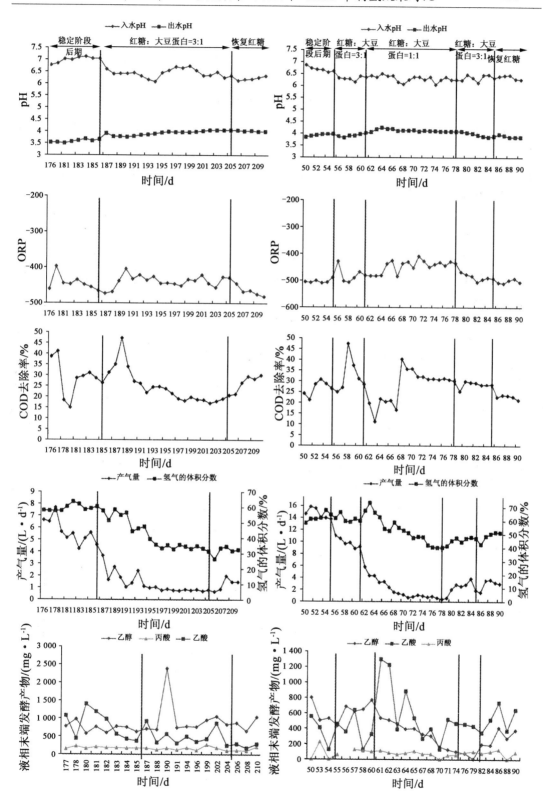

图 15.1　混合底物在 CSTR 反应器(左列)和 UASB 反应器(右列)中制氢效果对比

下编 结论

目前我国水资源匮乏和水污染问题的严重性日益突出,发展水污染防治新技术迫在眉睫,但利用传统的好氧生物处理方法需要消耗大量能源,负担沉重。因此,具有节省动力消耗、能产生生物能、污泥产量少、对氮磷需求量低、可以降解一些难降解物质等优点的厌氧生物处理技术日益受到人们的关注。

本书从能源的高效利用角度,研究了两种生物制氢反应器 CSTR 与 UASB 的不同特点,并且对它们处理红糖大豆蛋白混合底物的处理效果进行对比分析。主要结论如下:

(1)CSTR 反应器接种至稳定运行,以红糖和人工废水为底物,启动后期撤去氮磷复合肥,HRT 为 6 h,共运行 210 d。由于接种污泥量较低,启动时间较长,但也因为长期的驯化,使体系比较稳定,抗冲击性能强。启动成功后,反应器很快进入乙醇型发酵。随后对产氢菌种进行丙酮毒物的毒性试验,证明丙酮为可逆性毒物;搅拌器转速与 CSTR 的产氢效能有明显关系,本书研究了最坏状态下污泥挂壁时的处理方法,刮泥法的处理效果较好,反应器可较快恢复至变化前水平;由于入水 COD 质量浓度的提高致使污泥大量流失后,可采用回流污泥的方法,产氢量比较稳定,但由于同时回流进一部分液相末端发酵产物,乙酸的质量浓度累积;在接种污泥量 MLSS 为 4.817 mg/L、入水 COD 质量浓度达 5 400 mg/L 下达到的最大产气量为 18.29 L/d,氢气的体积分数达 50.87%,COD 去除率为 28.71%,并形成乙醇、乙酸的质量浓度较高的乙醇型发酵。

(2)pH 低于 4.0 对 UASB 产氢系统的影响。本书利用同组人员以驯化稳定的 UASB 制氢系统做进一步研究,在前期研究阶段并没有人为改变 pH。以红糖为底物利用 NaHCO₃ 改变出水 pH,设定 4 个 pH 低于 4.0 的阶段,产氢效果最好时的 pH 为 3.94。此结果的发现突破了产氢菌在 4.0 以下受到抑制的界限,增加了 UASB 的处理范围,耐酸性提高。

(3)对两反应器处理红糖和大豆蛋白废水的混合底物进行对比,对比过程中乙醇、乙酸的质量浓度均有所增长,且含量较大,但就变化规律看 CSTR 系统比 UASB 系统易在较短时间稳定混合底物。但就有同样的产气量来看,使用 UASB 反应器处理红糖与大豆蛋白废水更能得到较高的 COD 去除率。

由以上数据判断,CSTR 与 UASB 均能在处理红糖与大豆蛋白混合废水时形成乙醇型发酵,发酵类型不受反应器类型的影响,但要达到不同的效果可选用不同的反应器。

参考文献

[1] 候侠,王静.21 世纪的绿色能源[J].内蒙古石油化工,2006,12:52-54.

[2] 任南琪,王爱杰.厌氧生物技术原理与应用[M].北京:化学工业出版社,2004.

[3] 周汝雁,尤希凤,张全国.光合微生物制氢技术的研究进展[J].中国沼气,2006,24 (2):31-34.

[4] 申翔伟,周雪花,杜金宇,等.生物制氢技术发展历程及其特征[J].太阳能,2010(1): 22-25.

[5] 任南琪,李建政.生物制氢技术[J].太阳能,2003(2):4-6.

[6] LI Yongfeng,REN Nanqi ,CHEN Ying,et al. Ecological mechanism of fermentative hydrogen production by bacteria[J]. Science Direct,2007,32:755-760.

[7] 师玉忠.光合细菌连续制氢工艺及相关机理研究[D].郑州:河南农业大学,2008.

[8] MELIS A. Green alga hydrogen production:progress, challenges and prospects[J].International Journal of Hydrogen Energy,2002,27:1217-1228.

[9] 胡雪竹,高宛莉,张春学,等.生物制氢的研究进展及应用[J].中国校外教育,2011 (2):116.

[10] GUO Xinmei,ERIC T,ERIC L,et al. Hydrogen production from agricultural waste by dark fermentation:a review[J].Science Direct,2010(2):1-14.

[11] HAN Wei,CHEN Hong,JIAO Anying ,et al. Biological fermentative hydrogen and ethanol production using continuous stirred tank reacor[J].I.J. Hydrogen Energy,2012,37:843-847.

[12] 任南琪,王宝珍.有机废水发酵法生物制氢技术方法与原理[M].哈尔滨:黑龙江科学技术出版社,1994.

[13] 刘江华,方新湘,周华.我国氢能源开发与生物制氢研究现状[J].新疆农业科学,2004,41:85-87.

[14] PAULETTE M V, BERNARD B, JACQUES M. Classification and phylogeny of hydrogenases[J]. FEMS Microbiology Reviews,2001,25(4):455-501.

[15] 陈志锋,刘晶晶,龙敏南.酒色着色菌 Chromatium vinosum 膜结合态氢酶基因 hupSL 的克隆及分析[J].厦门大学学报(自然科学版),2005,44:162-166.

[16] 仲云龙,姚建松,李建平,等.有机废气物厌氧发酵参数优化对产氢的影响[J].农机化研究,2011(8):197-199.

[17] LAY J J. Biohydrogen generation by mesophilic anaerobic fermentation of microcrystalline cellulose[J].Biotechnology and Bioengineering,2001,74:280-287.

[18] ZHANG T,LIU H,FANG H H P. Biohydrogen production from starch in wastewater under

thermophilic condition[J]. Journal of Environmental Management,2003,69:149-156.

[19] UENO Y,KAWAI T,SATO S,et al. Biological production of hydrogen from cellulose by natural anaerobic microflora[J]. Journal of Fermentation and Bioengineering,1995,79: 395-397.

[20] VAN N E W J,CLAASSEN P A M,et al. Substrate and product inhibition of hydrogen production by the extreme thermophile,caldicellulosiruptor saccharolyticus[J]. Biotechnology and Bioengineering,2003,81:255-262.

[21] KADAR Z,DE V T,BUDDE M A W,et al. Ydrogen production from paper sludge hydrolysate[J]. Applied Biochemistry and Biotechnology,2003,105:557-566.

[22] NOIKE T,MIZUNO O. Hydrogen fermentation of organic municipal wastes[J]. Water Science and Technology,2000,42:155-162.

[23] LAY J J,FAN K S,CHANG J,et al. Influence of chemical nature of organic wastes on their conversion to hydrogen by heatshock digested sludge[J]. International Journal of Hydrogen Energy,2003,28:1361-1367.

[24] WANG C C,CHANG C W,CHU C P,et al. Using filtrate of waste biosolids to effectively produce biohydrogen by anaerobic fermentation[J]. Water Research,2003,37:2789-2793.

[25] 徐琰,张茂林,杏艳,等. 纤维素类生物质厌氧发酵产氢的研究[J]. 化学研究,2005,16(2):6-8.

[26] 陆伟东,周少奇. 有机固体废物厌氧发酵生物制氢研究进展[J]. 环境卫生工程,2008,16(4):22-27.

[27] 张亚尊,张磊,张帆. 我国城市生活垃圾的处理和发展趋势[J]. 中国环境管理干部学院学报,2007,3(17):9-12.

[28] TANISHO S,SUZUKI Y,WZKAO N. Fermentative hydrogen evolution by enterobacter aerogenes strain E. 82005[J]. Int. J. Hydrogen Energy,1987,12(9):623-627.

[29] IDANIA V V,ELVIRA R L,ALESSANDRO C M,et al. Improvement of biohydrogen production from solid wastes by intermittent venting and gas flushing of batch reactors headspace[J]. Environ. Sci. Technol. ,2006,40(10):3409-3415.

[30] UENO Y,HARUTA S,ISHII M,et al. Characterization of a microorganism isolated from the effluent of hydrogen fermentation by microflora[J]. Journal of bioscience and bioengineering,2001,92:397-400.

[31] FANG H H P,LIU H. Effect of pH on hydrogen production from glucose by a mixed culture[J]. Bioresource Technology,2002,82:87-93.

[32] 郭婉茜,任南琪,曲媛媛,等. 两种类型生物制氢反应器的运行及产氢特性[J]. 哈尔滨工业大学学报,2009,41(4):72-76.

[33] KOTSOPOULOS T A,ZENG R J,ANGELIDAKI I. Biohydrogen production in granular up-flow anaerobic sludge blanket(UASB)reactors with mixed cultures under hyperthermo-

philic temperature(70 ℃)[J]. Biotechnol. Bioeng. , 2005,94:296-302.

[34] KRAEMER J T,BAGLEY D M. Continuous fermentative hydrogen production using a two-phase reactor system with recycle[J]. Environ. Sci. Technol. , 2005,39(10):3819-3825.

[35] CHU C F,L I Y Y,XU K Q,et al. A pH and temperature phased two stage process for hydrogen and methane production from food waste[J]. Int. J. Hydrogen Energy, 2008, 33:4739-4746.

[36] 李永峰. 发酵产氢新菌种及纯培养生物制氢工艺研究[D]. 哈尔滨:哈尔滨工业大学,2005.

[37] 胡朝宇,李亚峰,刘鑫,等. 大豆蛋白废水处理方法研究[J]. 辽宁化工,2009, 38(9): 626-629.

[38] 曾科,吴连成,金涛,等. 酸化大豆蛋白废水的厌氧处理[J]. 环境工程,2009, 27(2): 55-58.

[39] 鲍立新,李建政,昌盛,等. ABR 处理大豆蛋白废水的效能及微生物群落动态分析[J]. 环境科学,2008, 29(8):2206-2213.

[40] 刘宇红,于晓英,王海鸥,等. ABR 处理豆制品废水的启动试验研究[J]. 内蒙古农业大学学报,2008, 29(3):188-190.

[41] 朱葛夫,李建政,吕炳南,等. ABR 大豆蛋白废水处理系统的产氢性能分析[J]. 武汉理工大学学报,2006, 28(2):196-201.

[42] 国家环境保护局. 水和废水监测分析方法[M]. 4 版增补版. 北京:中国环境科学出版社,2002.

[43] LI J Z,LI N,ZHANG N,et al. Hydrogen production from organic wastewater by fermentative acidogenic activated sludge under condition of continuous folw[J]. J. Chem. Ind . Eng. (China),2004,55:75-79.

[44] 陆伟东,周少奇. 有机固体废物厌氧发酵生物制氢研究进展[J]. 环境卫生工程, 2008,16(4):22-24.

[45] 陈琛,刘敏,陈滢. pH 对热处理污泥厌氧发酵产氢的影响[J]. 环境科学与技术, 2011,34(4)163-167.

[46] LEE K S,W U J F,LO Y S,et al. Anaerobic hydrogen production with an efficient carrier-induced granular sludge bed bioreactor[J]. Biotechnol. Bioeng. , 2004,87(5):648-657.

[47] UENO Y,HARUTA S,ISHII M,et al. Microbial community in anaerobic hydrogen-producing microflora enriched from sludge compost[J]. J. Appl. Microbiol. Biotechnol. , 2001,57:555-562.

[48] ZHU H,BÉLAND M. Evaluation of alternative methods of preparing hydrogen producing seeds from digested wastewater sludge[J]. Int. J. Hydrogen Energy, 2006,31(14): 1980-1988.

[49]　马溪平.厌氧微生物学与污水处理[M].北京:化学工业出版社,2005.

[50]　李建政,任南琪,秦智.产酸相反应器快速启动和乙醇型发酵菌群驯化[J].哈尔滨工业大学学报,2002,34(5):591-594.

[51]　董春娟.厌氧发酵中毒性物质的反应[J].太原理工大学学报,2002,33(2):132-136.

[52]　FAN Y T,LI C L,LAY J J,et al. Optimization of initial substrate and pH levels for germination of spring hydrogen-producing anaerobes in cow dung compost[J]. Bioresour. Technol. ,2004,91(2):189-193.

[53]　俞珊珊,刘锋,马三剑,等.UASB 处理蛋白废水的实验研究[J].安徽化工,2010,36(4):69-70.

[54]　GEORGIA A, HARIKLIA N G, IOANNIS V S G L. Influence of pH on fermentative hydrogen production from sweet sorghum extract[J]. Science Direct,2010,35:1921-1928.

[55]　HWANG M H,JIANG N J,HYUN S H,et al. Anaerobic biohydrogen production from ethanol fermentation the role of pH[J]. J. Biotechnol. ,2004,111(3):297-309.

名词索引

B

丙酸型发酵　1.3

补料分批培养　1.4

C

纯培养　1.1

D

丁酸型发酵　1.3

F

发酵法生物制氢　1.1

分批培养　1.4

附着生长系统　1.6

G

光合法生物制氢　1.2

J

间歇培养　1.4

L

连续培养　1.4

N

能量转化率　3.3

Q

强化污泥　7.2

S

生物强化技术　1.5

X

悬浮生长系统　1.6

Y

厌氧发酵　1.3

乙醇型发酵　1.4